地理信息系统基础

主　编　刘大伟

编　者　刘大伟　张淑辉　高树静
　　　　赵　瑞　薛　贝　王　恒
　　　　杨　珍

西北工業大學出版社

西　安

【内容简介】 本书共9章，具体内容包括绪论、空间信息基础、空间数据模型、空间数据结构、空间数据的组织与管理、空间数据的采集与处理、GIS基本空间分析、DEM与数字地形分析、地理信息可视化等。

本书可作为高等院校测绘、地理、环境、信息等专业的本科生教材，也可作为从事地理信息系统教学、科研、技术开发与应用工作的人员的参考用书。

图书在版编目(CIP)数据

地理信息系统基础 / 刘大伟主编. -- 西安 : 西北工业大学出版社，2024.8. -- ISBN 978-7-5612-9433-8

Ⅰ. P208

中国国家版本馆CIP数据核字第2024HE6970号

DILI XINXI XITONG JICHU

地理信息系统基础

刘大伟 主编

责任编辑：万灵芝　　**策划编辑**：杨 军

责任校对：王玉玲　　**装帧设计**：高永斌 李 飞

出版发行：西北工业大学出版社

通信地址：西安市友谊西路127号　　**邮编**：710072

电　　话：(029)88493844，88491757

网　　址：www.nwpup.com

印 刷 者：陕西奇彩印务有限责任公司

开　　本：787 mm×1 092 mm　1/16

印　　张：10.5

字　　数：256千字

版　　次：2024年8月第1版　2024年8月第1次印刷

书　　号：ISBN 978-7-5612-9433-8

定　　价：49.00元

前　言

地理信息系统(geographic information system,GIS)是以地理空间数据为基础,在计算机软硬件的支持下,对空间数据进行采集、管理、操作、模拟、分析和显示,为地理研究和空间决策服务而建立的信息系统。自 20 世纪 60 年代以来,GIS 理论和技术不断丰富,GIS 内涵和外延逐步深化,GIS 应用领域持续扩大,解决实际问题的能力不断提高。目前 GIS 已经广泛应用于国民经济和国防建设的方方面面,随着空间信息技术的不断发展,GIS 的应用将越来越深入,GIS 与人类生活的关系将越来越密切。

本书是笔者在多年从事地理信息系统课程教学和完成多项地理信息系统课题研究的基础上,参阅了国内外大量相关资料编写而成的。本书系统地介绍了地理信息系统的基本原理与方法,并结合国内外 GIS 的最新研究进展,加入了 GIS 的新理论和新技术。在编写过程中,力求内容具体、由浅入深、循序渐进,理论与应用并重。

全书共分为 9 章,第 1 章介绍了 GIS 的定义、组成、功能、相关学科及 GIS 的研究进展等;第 2 章介绍了地理空间坐标系统和地图投影等;第 3 章介绍了空间数据模型;第 4 章介绍了空间数据结构,包括矢量数据结构、栅格数据结构以及矢量和栅格数据的相互转换等;第 5 章介绍了空间数据的管理、组织;第 6 章介绍了空间数据的采集与处理,包括空间数据类型、数据采集方式、数据编辑、空间数据变换和数据质量评价等;第 7 章介绍了 GIS 基本空间分析,包括空间查询与量算、叠置分析、缓冲区分析、窗口分析和网络分析等;第 8 章介绍了数字高程模型(digital elevation model,DEM)和数字地形分析,包括 DEM 的表示、地形特征因子计算、水文分析和可视性分析等；第9章介绍了地理信息可视化的相关理论和技术，包括地理信息可视化方法、可视化手段和可视化语言等。

本书由刘大伟担任主编，具体编写分工如下：张淑辉编写第1、2章，刘大伟编写第3～5章，王恒编写第6章，高树静编写第7章，赵瑞编写第8章，薛贝编写第9章。全书由刘大伟、杨珍统稿，先后经3次修改完善而成。

在编写本书的过程中，参阅了相关文献资料，在此向其作者深表谢意。

由于水平有限，书中难免有不足之处，恳请读者提出宝贵意见。

编　者

2023年10月

目　　录

第 1 章　绪论……………………………………………………………………… 1

1.1　GIS 的基本概念 ………………………………………………………… 1

1.2　GIS 的组成 ……………………………………………………………… 6

1.3　GIS 的功能 ……………………………………………………………… 8

1.4　GIS 与其他学科的关系………………………………………………… 11

1.5　GIS 的发展历程………………………………………………………… 14

第 2 章　空间信息基础 ………………………………………………………… 17

2.1　地球空间概述…………………………………………………………… 17

2.2　地理空间坐标系统……………………………………………………… 19

2.3　地图投影………………………………………………………………… 24

2.4　空间尺度………………………………………………………………… 29

第 3 章　空间数据模型 ………………………………………………………… 36

3.1　地理空间与空间抽象…………………………………………………… 36

3.2　空间抽象的三个层次…………………………………………………… 37

3.3　空间数据概念模型……………………………………………………… 38

3.4　空间数据逻辑模型……………………………………………………… 40

3.5　空间关系………………………………………………………………… 44

第 4 章　空间数据结构 ………………………………………………………… 47

4.1　矢量数据结构…………………………………………………………… 47

4.2　栅格数据结构…………………………………………………………… 53

4.3　矢量数据结构与栅格数据结构的比较………………………………… 59

4.4　矢量数据与栅格数据的相互转换……………………………………… 60

第 5 章　空间数据的组织与管理 …… 69

5.1　空间数据的特征 …… 69

5.2　空间数据的管理 …… 70

5.3　空间数据的组织 …… 74

5.4　空间数据索引 …… 75

第 6 章　空间数据的采集与处理 …… 80

6.1　地理信息数据源 …… 80

6.2　数据采集 …… 82

6.3　数据编辑与拓扑关系 …… 89

6.4　数学基础变换 …… 91

6.5　图形拼接 …… 94

6.6　数据质量评价与控制 …… 95

6.7　数据入库 …… 97

第 7 章　GIS 基本空间分析 …… 100

7.1　空间分析概述 …… 100

7.2　空间查询与量算 …… 101

7.3　叠置分析 …… 108

7.4　缓冲区分析 …… 111

7.5　窗口分析 …… 115

7.6　网络分析 …… 119

第 8 章　DEM 与数字地形分析 …… 125

8.1　数字高程模型 …… 125

8.2　数字地形分析 …… 134

第 9 章　地理信息可视化 …… 148

9.1　地理信息可视化概述 …… 148

9.2　地理信息可视化技术方法 …… 149

9.3　地图可视化 …… 151

9.4　普通地图可视化 …… 155

9.5　专题地图可视化 …… 156

参考文献 …… 160

第1章 绪 论

当今,信息技术正在深刻改变着人类的生活与社会面貌。地理信息系统是管理和分析空间数据的科学技术,它能够及时而又准确地将地理信息反馈到地球科学工作中,是人类研究和解决土地、环境、人口、灾害、规划、建设、国防、军事等重大问题时所必需的重要信息技术。

地理信息系统、遥感技术、全球定位技术三者有机结合,构成科学地理日臻完善的技术体系。地理信息系统的迅速发展不仅为地理信息现代化管理提供了契机,而且有利于其他高新技术产业的发展。本章系统阐述地理信息系统的基本概念、组成、功能、类型、应用范畴和发展历程。

1.1 GIS的基本概念

1.1.1 数据和信息

1. 数据(data)

数据是对客观事物进行记录并可以被鉴别的符号,用于定性或定量描述客观事物的性质、状态以及相互关系等,是一种未经加工的原始素材。数据可以是文字、数字、字母的组合,也可以是图形、图像、音频或视频等,可以以多种方式存储在不同的存储介质中,如记录本、地图、胶片、磁盘等,不同数据的存储介质和格式可相互转换。

2. 信息(information)

美国数学家、信息论的创始人香农曾指出:“信息是用来消除随机不定性的东西。”信息是用文字、数字、符号、语言、图像等介质来表示事件、事物、现象等的内容、数量或特征,是对客观世界中各种事物的运动状态和变化的反映。信息向人们(或系统)提供了关于现实世界新的事实和知识,可以作为生产、建设、经营、管理、分析和决策的依据。信息具有客观性、适用性、可传输性和共享性等特征。

数据与信息既有区别又有联系:数据是一种未经加工的原始资料,信息来源于数据,是数据的内涵。信息是一种客观存在,其加载于数据之上,对数据作具有含义的解释。数据本身并不是信息,其所蕴含的信息不会自动呈现,需要利用一些技术,如统计、解译、编码等进行解释,才会呈现出来。信息是数据的表达,数据是信息的载体。

1.1.2 地理数据和地理信息

1. 地理数据(geographic data)

地理数据是以地球表面空间位置为参照,描述自然、社会和人文景观的数据,是各种地理特征和现象间关系的符号化表示。地理数据包括自然地理数据和社会经济数据。不同自然现象和社会现象的地理位置、分布特点等,会产生不同的地理数据,比如土地覆盖类型数据、地貌数据、土壤数据、水文数据、植被数据、居民地数据、河流数据、行政边界及社会经济与普查数据等。

描述一个地理对象需要从空间、属性和时间三方面展开。因此,地理数据包括空间位置数据、属性数据及时域数据三部分。

(1)空间位置数据(spatial location data):空间位置数据描述地物所在位置,这种位置既可以根据大地参照系定义,如大地经纬度坐标,也可以定义为地物间的相对位置关系,如空间上的距离、邻接、重叠、包含等。

(2)属性数据(attribute data):属性数据又称为非空间数据,是属于一定地物、描述其特征的定性或定量指标,即描述了信息的非空间组成部分,包括语义与统计数据等。

(3)时域数据(time-domain data):时域数据是指地理数据采集或地理现象发生的时刻或时段。时域数据对环境模拟分析非常重要,越来越受到地理信息系统学界的重视。

地理数据具有空间上的分布性、时间上的序列性、数量上的海量性、载体的多样性和位置与属性的对应性等特征。

2. 地理信息(geographic information)

地理信息是一种特殊的信息,来源于地理数据。地理信息是有关地理实体的性质、特征和运动状态的表征和一切有用的知识,它是对地理数据的解释。作为信息的一种,地理信息具备信息的客观性、信息的适用性、信息的可传输性和信息的共享性等特征。但就其本身而言,地理信息还具有以下一些特性。

(1)空间相关性:地理事物会受到空间相互作用和空间扩散的影响,彼此之间都是相关的,比如,粮食的产量往往与其所处的土壤肥沃程度相关。根据地理学第一定律,空间上相距越近,则空间相关性越大,空间上距离越远,则空间相关性越小,同时地理信息的空间相关性具有区域性特点。

(2)空间区域性:空间区域性是地理信息的天然特性,不仅体现为数据上的分块组织,而且在应用方面也是面向区域的,即一个部门或专题必然也是面向所管理或服务的区域的。

(3)空间多样性:在不同地方或区域,地理数据的变化趋势是不同的,地理信息的空间多样性意味着地理信息的分析结果需要依赖其位置,才能达到合乎逻辑的解释。地理信息的空间多样性也体现在不同区域对地理信息的需求不一样。

(4)空间层次性:地理信息的空间层次性首先体现为同一区域的地理现象具有多重属性,例如,某地区的土壤侵蚀研究,相关因素包括该地区的降雨、植被覆盖、土壤类型等;其次是空间尺度上的层次性,不同空间尺度数据具有不同的空间信息特征。

从地理实体到地理数据,再从地理数据到地理信息的发展,反映了人类认识的一个巨大飞跃。

1.1.3　信息系统

1. 信息系统的定义

信息系统(information system)是具有采集、管理、分析和表达数据能力的系统。在计算机时代,信息系统部分或全部由计算机系统支持,并由计算机硬件、软件、数据和用户四大要素组成,如图1-1所示。另外,智能化的信息系统还包括知识。

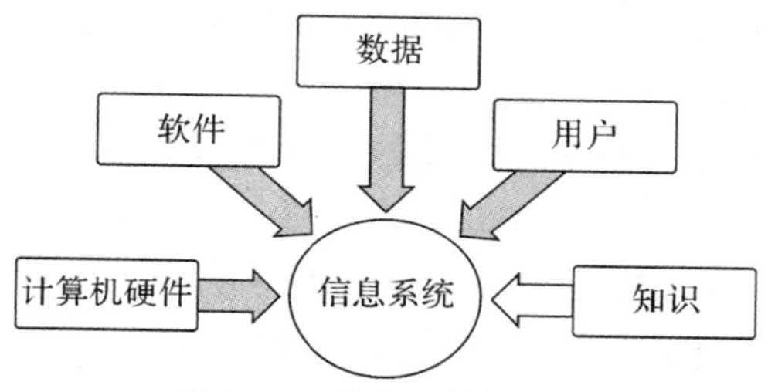

图1-1　信息系统的组成

计算机硬件包括各类计算机处理及终端设备;软件是支持数据信息的采集、存储加工、再现和回答用户问题的计算机程序系统;数据则是系统分析与处理的对象,构成系统的应用基础;用户是信息系统所服务的对象。

信息系统的基本特征是其对数据的加工和信息提取能力。一个信息系统的优劣应当根据它所提供的信息质量和容量来判断,而这又取决于信息系统中的数据分析功能和数据分析模型。智能化的信息系统是当今信息系统的发展趋势。

2. 信息系统的类型

根据数据处理对象,信息系统可分为空间信息系统和非空间信息系统,前者主要处理带有位置特征的数据(包括属性数据),而后者只处理一般的事务性数据(不含空间特征);根据应用层次,信息系统可分为事务处理系统、管理信息系统、决策支持系统等。

地理信息系统在处理对象上属于空间信息系统,在应用层次上则属于决策支持系统。地理信息系统与其他信息系统的主要区别在于其存储和处理的信息都是经过地理编码的,地理位置及与该位置有关的地物属性信息成为信息检索的重要部分。在地理信息系统中,现实世界被表达成一系列的地理要素和地理现象,这些地理特征至少有空间位置参考信息和非位置信息两个组成部分。地理信息系统使用时空位置作为所有其他信息的关键索引变量。正如一般关系数据库中可以使用公共键索引变量来关联许多不同的表一样,地理信息系统通过使用位置作为键索引变量来关联其他属性信息。因此,地理信息系统是一种特定的空间信息系统,能够用于运作和处理地理空间数据。

1.1.4 地理信息系统

1. 地理信息系统的定义

地理信息系统(geographic information system,GIS),有时又称为“地学信息系统”,主要研究如何利用计算机技术来管理和应用地球表面的空间信息。Michael Goodchild 把地理信息系统定义为“采集、存储、管理、分析和显示有关地理现象信息的综合技术系统”。Roger Tomlinson 认为地理信息系统是“从现实世界中采集、存储、提取、转换和显示空间数据的一组有力的工具”。

GIS 是一种特定的十分重要的空间信息系统,是在计算机软、硬件系统支持下,对整个或部分地球表层(包括大气层)的有关地理分布数据进行采集、储存、管理、运算、分析、显示和描述的技术系统。GIS 处理、管理的对象是多种具有空间内涵的地理数据,包括空间定位数据、图形数据、遥感图像数据、属性数据等,用于分析和处理在一定地理区域内分布的地理实体、现象及过程,为复杂的规划、决策和管理问题提供信息来源和技术支持。

GIS 具有学科和技术的双重性质。一方面,GIS 是一门学科,是描述、存储、分析和输出空间信息的理论和方法的一门综合性学科;另一方面,GIS 是一个技术系统,是以地理空间数据库(geospatial database)为基础,采用地理模型分析方法,适时提供多种空间的和动态的地理信息,为地理研究和地理决策服务的计算机技术系统。因此,这里定义:GIS 是以地学原理为依托,在计算机软、硬件的支持下,研究空间数据的采集、处理、存储、管理、分析、建模、显示和传播的相关理论研究方法和应用技术。

2. 地理信息系统的内涵

GIS 的基本内涵包括以下几个方面:

(1)GIS 是一个具有集中、存储、操作和显示地理参考信息的计算机系统,因此其物理外壳是计算机化的技术系统。它由若干个相互关联的子系统构成,如数据采集子系统、数据管理子系统、数据处理和分析子系统、图像处理子系统、数据产品输出子系统等,这些子系统的结构及优劣程度直接影响着 GIS 的硬件平台的功能和效率、数据处理的方式和产品输出的类型。

(2)GIS 的操作对象是空间数据,即点、线、面、体这类有空间位置和空间形态特征并且能够很好地表达地理实体和地理现象的基本元素。空间数据的最根本特点是每一个数据都按统一的地理坐标进行编码,实现对其定位、定性和定量的描述,这是 GIS 区别于其他类型信息系统的根本标志,也是其技术难点之所在。

(3)GIS 的技术优势在于独特的地理空间分析能力、快速的空间定位搜索能力、复杂的查询功能、强大的图形处理和表达功能、空间模拟和空间决策支持能力等,从而实现地理空间过程演化的模拟和预测。

(4)GIS 与测绘学和地理学有着密切的关系。测绘学为 GIS 提供各种定位数据,其理论和算法可直接用于空间数据的变换和处理。其中,大地测量、工程测量、矿山测量、地籍测量、航空摄影测量和遥感技术为 GIS 中的空间实体提供不同比例尺和精度的定位数据;电子测速仪、全球定位技术、解析或数字摄影测量工作站、遥感图像处理系统等现代测绘技术的使用，可直接、快速和自动地获取空间目标的数字信息产品，为 GIS 提供丰富和更为实时的信息源，并促使 GIS 向更高层次发展。地理学是 GIS 的理论依托，为 GIS 提供有关空间分析的基本观点和方法。GIS 被誉为地学的第三代语言——用数字形式来描述空间实体。GIS 又与全球定位系统(GPS)、遥感系统(RS)一起合称为 3S 系统。

3. 地理信息系统的外延

随着人们对 GIS 的理解不断深入，GIS 的内涵在不断拓展。地理信息系统的英文简称“GIS”中“S”的含义包含了四个层次，如图 1－2 所示。

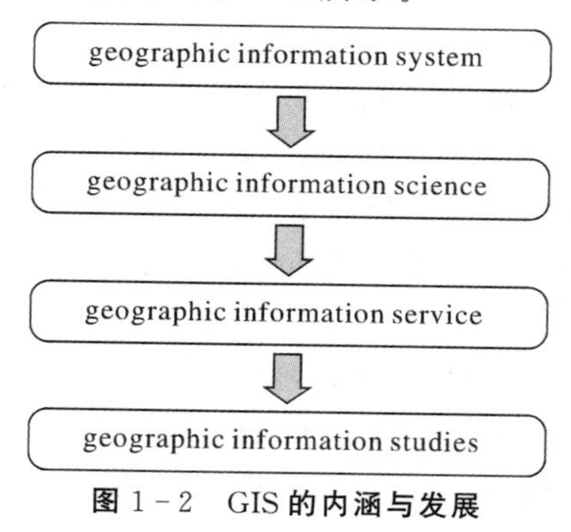

图 1－2　GIS 的内涵与发展

一是指系统(system)。这是从技术层面的角度论述地理信息系统，即面向区域、资源、环境等规划、管理、分析和处理地理数据的计算机技术系统，但更强调的是其对地理数据的管理和分析能力。这里的地理信息系统技术是指收集与处理地理信息的技术，包括全球定位系统(GPS)、遥感(remote sensing)和 GIS。

二是指科学(science)。它表示的是广义上的地理信息系统，常称为地理信息科学，是一个具有理论和技术的科学体系。例如，早期的《国际地理信息系统》杂志(*International Journal of Geographic Information System*)现已改名为《国际地理信息科学》杂志(*International Journal of Geographic Information Science*)，美国测绘学会刊物《地图学与地理信息系统》(*Cartography and Geographic Information System*)也改名为《地图学与地理信息科学》(*Cartography and Geographic Information Science*)。我国在高校 GIS 专业的设置方面，也经历了从地理信息系统到地理信息科学的演变。本科原名为“地理信息系统”的专业，于教育部下发的《普通高等学校本科专业目录(2012 年)》文件中，正式被更名为“地理信息科学”，属于地理科学类下的二级学科。

三是指服务(service)。随着遥感等信息技术、互联网技术、计算机技术等的应用和普及，“S”的含义也发生了变化，地理信息系统已经从单纯的技术型和研究型逐步向地理信息服务层面转移。目前，GIS 服务可通过基于位置服务(location based services，LBS)及位置信息，为移动用户提供需要的信息和服务，实现对空间信息的标记、存储及传输。如导航需要催生了导航 GIS，越来越多的手机地图软件、三维数字地球产品等都可以提供在线地图浏览、地图数据下载、地图标注、三维模型浏览等功能，GIS 服务极大地方便了人们的日常生活。

四是指研究(studies)。它指研究有关地理信息技术引起的社会问题,比如地理信息的经济学问题等。

当同时论述 GIS 技术、GIS 科学和 GIS 服务时,为避免混淆,一般用 GIS 表示技术,GIScience或 GISci 表示地理信息科学,GIService 或 GISer 表示地理信息服务。

综上所述,地理信息系统(geographic information system,GIS)既是表达、模拟现实空间世界和进行空间数据处理分析的"工具",也可看作是人们用于解决空间问题的"资源",同时还是一门关于空间信息处理分析的"科学技术"。

4.地理信息系统的基本特征

与一般信息系统相比,GIS 具有如下基本特征:

(1)数据的空间位置特征。地理数据的空间位置特征是地理数据有别于其他数据的本质特征。一般信息系统仅包括属性和时域特征,而只有空间位置特征是地理数据所特有的,没有位置的数据不能称为地理数据。GIS 要具有对空间数据管理、操纵和表示的能力。

(2)空间数据的复杂性。GIS 除了要完成属性数据的存储、管理及表达之外,还要处理与之相对应的空间位置和空间关系。而且,在空间分析过程中还会不断地产生新的空间数据及其关系。因此,完成空间数据的处理是 GIS 所要面对的不同于一般信息系统的技术难题。

(3)海量数据特征。GIS 海量数据特征来自两个方面:一是地理数据,地理数据是 GIS 的管理对象,其本身就是海量数据;二是空间分析,GIS 在执行空间分析的过程中,不断地产生新的空间数据,这些数据也具备海量数据特征。GIS 的海量数据,带来的是系统运转、数据组织、网络传输等一系列的技术难题,这也是 GIS 比其他信息系统复杂的又一个因素。

1.2 GIS 的组成

GIS 技术将地图的视觉化效果、地理分析功能以及数据库的相关操作结合在了一起,因此,GIS 功能的实现需要一定的环境支持。GIS 运行环境包括计算机硬件系统、软件系统、空间数据、地学模型和应用人员五大部分。其中:计算机硬件系统和软件系统为 GIS 建设提供了运行环境;空间数据反映了 GIS 的地理内容;地学模型为 GIS 应用提供了解决方案;应用人员是系统建设中的关键和能动性因素,直接影响和协调其他几个组成部分。

1.2.1 硬件系统

在 GIS 操作中所需要的所有计算机资源,都属于 GIS 的硬件系统,是 GIS 的物理外壳。它可以是电子的、电的、磁的、机械的、光的元件或装置。系统的规模、精度、速度、功能、形式、使用方法甚至软件都与硬件有极大的关系,受硬件指标的支持或制约。

GIS 的硬件系统主要包括输入设备、处理设备、存储设备和输出设备四部分,如图 1-3 所示。一些情况下可能还需要一些与网络相关的硬件设备。其中,处理设备、存储设备和输出设备与一般信息系统并无差别,但由于 GIS 处理的是空间数据,其数据输入设备除了常规的设备外,还包括空间数据采集的专用设备,如全球定位系统(GPS)、全站仪、数字摄影测量仪等。

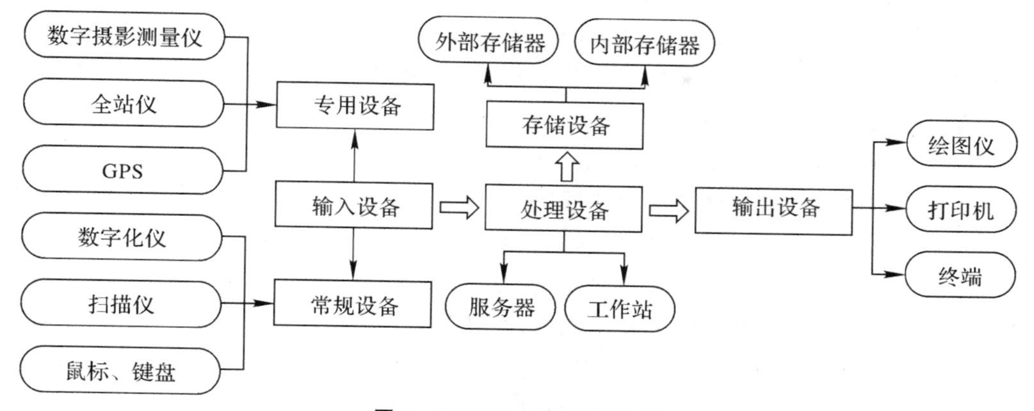

图1-3 GIS硬件系统组成

1.2.2 软件系统

软件系统是指GIS运行所必需的各种程序,通常包括计算机系统软件、GIS工具软件以及GIS应用软件等,如图1-4所示。其中计算机系统软件属于GIS支撑软件,是GIS运行所必需的各种软件环境,如操作系统、数据库管理系统、图形处理系统等。GIS工具软件是GIS各种操作所需的平台软件,如ArcGIS、SuperMap等。GIS应用软件则是在GIS平台软件的基础上,通过二次开发所形成的具体的应用软件,一般是面向应用部门的。

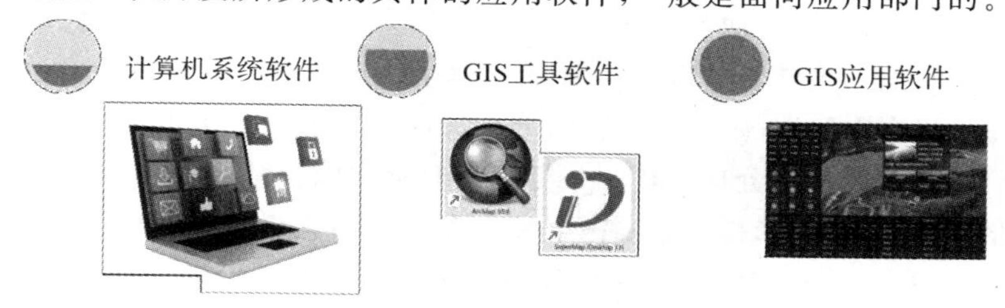

图1-4 GIS软件系统组成

1.2.3 空间数据

数据是GIS的核心内容,被称为GIS的血液。地理空间数据是指以地球表面空间位置为参照的自然、社会、人文景观数据,可以是图形、图像、文件、表格和数字等,由系统的建立者通过数字化仪、扫描仪、键盘或其他通信系统输入GIS,是系统程序作用的对象,是GIS所表达的现实世界经过模型抽象的实质性内容。不同用途的GIS,其地理空间数据的来源、种类和精度也各不相同。地理空间数据主要包括带有空间位置信息的数据、与空间位置相关的属性数据及用于描述数据关系和特性的数据等内容。其基本上都包括三种互相联系的数据类型。

(1)某个已知坐标系中的位置,即几何坐标,标识地理实体和地理现象在某个已知坐标系(如大地坐标系、直角坐标系、极坐标系、自定义坐标系)中的空间位置,可以是经纬度、平面直角坐标、极坐标,也可以是矩阵的行、列数等。

(2)实体间的空间相关性,即拓扑关系,表示点、线、面实体之间的空间联系,如网络结点与网络线之间的枢纽关系、边界线与面实体间的构成关系、面实体与岛或内部点的包含关系等。空间拓扑关系对于地理空间数据的编码、录入、格式转换、存储管理、查询检索和模型分析都有重要意义，是地理信息系统的特色之一。

(3)与几何位置无关的属性，即常说的非几何属性或简称属性(attribute)，是与地理实体和地理现象相联系的地理变量或地理意义。属性分为定性的和定量的两种，前者包括名称、类型、特性等，后者包括数量和等级。定性的属性包括岩石类型、土壤种类、土地利用类型、行政区划等，定量的属性包括面积、长度、土地等级、人口数量、降雨量、河流长度、水土流失量等。非几何属性一般是经过抽象的概念，通过分类、命名、量算、统计得到的。任何地理实体和地理现象至少有一个属性，而地理信息系统的分析、检索和表示主要是通过属性的操作运算实现的。因此，属性的分类系统、量算指标对系统的功能有较大的影响。

地理信息系统特殊的空间数据模型决定了地理信息系统特殊的空间数据结构和特殊的数据编码，也决定了地理信息系统具有特殊的空间数据管理方法和系统空间数据分析功能，成为地理学研究和资源管理的重要工具。

1.2.4 地学模型

GIS 的地学模型是根据具体的地学目标和问题，以 GIS 已有的操作和方法为基础，构建的能够表达或模拟特定现象的计算机模型。尽管 GIS 提供了用于数据采集、处理、分析和可视化的一系列基础性功能，而与不同行业相结合的具体问题往往是复杂的，这些复杂的问题必须通过构建特定的地学模型进行模拟。

GIS 作为一门应用型学科，强大的空间分析功能支撑着其强大的发展潜力及其在相关行业广泛的应用。而以空间分析为核心并与特定地学问题相结合的地学模型，正是其价值的具体表现形式。因此，地学模型是 GIS 的重要组成部分。GIS 地学模型的实现不依赖软件，相同功能的模型可以在不同的 GIS 软件中实现。

1.2.5 应用人员

人是 GIS 中的重要构成因素。地理信息系统从其设计、建立、运行到维护的整个生命周期，都离不开人的作用。仅有系统的软硬件、数据和模型构不成完整的地理信息系统，需要人进行系统的组织、管理、维护，以及数据更新、系统扩充完善、应用程序开发，并灵活采用地理分析模型提取多种信息，为研究和决策服务。具体可以将 GIS 的应用人员分为科学研究人员、项目管理人员、软件设计人员、系统开发人员、数据维护人员和普通用户六类。

1.3 GIS 的功能

地理信息系统可以实现对空间数据的采集、编辑、存储、管理、分析及表达等，并可以基于计算机环境获得更加有用的地理信息与知识，从而为各种分析提供决策支持。此处“有用的地理信息与知识”可以概括为位置、条件、趋势、模式、模拟这 5 个基本问题。GIS 的价值与作用就是基于地理对象的重建和空间分析工具，实现对这 5 个基本问题的求解。

1.3.1 基本功能需求

1. 位置

位置问题即“某个地方有什么”的问题，一般通过地理对象的位置(坐标、街道编码等)进行定位，然后利用查询功能获取其性质，如建筑物的名称、地点、建筑时间、使用性质等。位置问题是地学领域最基本的问题，反映在 GIS 中，则是空间查询技术。

2. 条件

条件问题即“符合某些条件的地理对象在哪里”的问题，它通过地理对象的属性信息列出条件表达式，进而查找满足该条件的地理对象的空间分布位置。在 GIS 中，条件问题则属于较为复杂的空间查询。

3. 趋势

趋势问题即某个地方发生的某个事件及其随时间的变化过程。它要求 GIS 能根据已有的数据(现状数据、历史数据等)对现象的变化过程做出分析判断，并能对未来做出预测和对过去进行回溯。例如，地貌演变研究中，可以利用现有的和历史的地形数据对未来地形做出分析预测，也可展现不同历史时期的地形发育情况。

4. 模式

模式问题即地理对象实体和现象的空间分布之间的空间关系问题。例如，城市中不同功能区的分布与居住人口分布的关系模式；地面海拔升高、气温降低，导致山地自然景观呈现垂直地带分异的模式；等等。

5. 模拟

模拟问题即“某个地方如果具备某种条件会发生什么”的问题，是在模式和趋势的基础上，建立现象和因素之间的模型关系，从而发现具有普遍意义的规律。例如：在研究某一城市的犯罪概率和酒吧、交通、照明、警力等分布的耦合关系基础上，对其他城市进行相关问题研究。一旦发现带有普遍意义的规律，即可将研究推向更高层次——建立通用的分析模型进行预测和决策。

1.3.2 GIS 的基本功能

为了实现上述问题的求解，GIS 首先要重建真实地理环境，而地理环境的重建需要获取各种空间数据，这些空间数据必须准确可靠，并按照一定的结构进行组织管理，然后通过空间分析进行求解，并对分析结果进行输出与表达。因此，GIS 的基本功能包括以下 6 个方面。

1. 数据采集功能

数据是 GIS 的血液，贯穿于 GIS 的各个过程。数据采集是 GIS 的第一步，即通过各种数据采集设备(如数字化仪、全站仪等)来获取现实世界的描述数据，并输入 GIS。GIS 应该尽可能提供各种数据采集设备的通信接口。

2. 数据编辑与处理功能

通过数据采集功能获取的数据称为原始数据，原始数据不可避免地含有误差。为保证数据在内容、逻辑、数值上的一致性和完整性，需要对数据进行编辑、格式转换、拼接等一系列的处理工作。也就是说，GIS 系统应该提供强大的、交互式的编辑功能，包括图形编辑、数据变换、数据重构、拓扑建立、数据压缩、图形数据与属性数据的关联等内容。

3. 数据存储、组织与管理功能

计算机的数据必须按照一定的结构进行组织和管理，才能高效地再现真实环境和进行各种分析。由于空间数据本身的特点，一般信息系统中的数据结构和数据库管理系统并不适合管理空间数据，GIS 必须发展自己特有的数据存储、组织与管理功能。目前常用的 GIS 数据结构主要有矢量数据结构和栅格数据结构两种，而数据的组织和管理则有文件-关系型数据库混合管理方式、全关系型数据库管理方式、对象-关系型数据库管理方式等。

4. 空间查询与空间分析功能

空间查询是地理信息系统应具备的最基本的分析功能。GIS 通过对通用数据库查询语言的补充或重新设计，可以支持空间查询。例如，查询与某个乡镇相邻的乡镇、某河流穿过的几个城镇、某铁路周围 5 km 的居民点等，这些查询问题是 GIS 所特有的。所以一个功能强大的 GIS 软件，应该设计一些空间查询语言，满足常见的空间查询功能的要求。

空间分析是地理信息系统的核心功能，是比空间查询更深层次的应用，内容更加广泛，包括地形分析、土地适应性分析、网络分析、叠置分析、缓冲区分析、决策分析等等。随着 GIS 应用范围的扩大，GIS 软件的空间分析功能将不断增加、增强。

要说明的是，空间分析和应用分析是两个层面上的内容。GIS 所提供的是常用的空间分析工具，如查询、几何量算、缓冲区建立、叠置操作、地形分析等，这些工具是有限的，而应用分析却是无限的，不同的应用目的可能需要构建不同的应用模型。GIS 空间分析为建立和解决复杂的应用模型提供了基本工具，因此 GIS 空间分析和应用分析是"零件"和"机器"的关系，用户应用 GIS 解决实际问题的关键，就是如何将这些零件搭配成能够用来解决问题的"机器"。

5. 数据输出与可视化表达功能

GIS 可以将空间数据及分析结果通过图形、表格和统计图表等形式可视化，这是其主要功能之一。作为可视化工具，不论是强调空间数据的位置还是分布模式乃至分析结果的表达，图形都是传递空间数据信息最有效的工具。GIS 脱胎于计算机制图，因而 GIS 的一个主要功能就是计算机地图制图，包括地图符号的设计、配置与符号化、地图注记、图幅整饰、统计图表制作、图例与布局等项内容。此外，对属性数据也要设计报表输出，并且这些输出结果需要在显示器、打印机、绘图仪上或以数据文件形式输出。GIS 软件亦应具有驱动这些设备的能力。

6. 应用模型与系统开发功能

随着 GIS 在各行各业的应用越来越广泛，常规 GIS 无法满足各类型的应用需求。因此，GIS也具有相应二次开发功能，用于开发满足特定行业需求的应用模型或应用软件系统。GIS的二次开发功能包通常会提供完整的应用程序编程接口(API)和开发环境。

1.3.3 GIS的应用功能

GIS的技术优势在于其独特的地理空间分析能力、快速的空间定位搜索能力和复杂的查询功能、强大的图形处理和表达功能、空间模拟和空间决策支持能力等。基于此，GIS可产生常规方法难以获得的重要信息，这些信息与不同的应用环境及需求相对应，可用于解决行业内的特定问题，是GIS应用功能的体现，见表1-1。现阶段，地理信息系统已经成为与地理信息相关的各行各业在分析应用与科学研究中的基本工具。

表1-1 GIS的主要应用功能

应用领域	应用功能
社会经济	资源管理、资源配置、城市规划和管理、交通规划
国防与军事	军事基地选址、智慧营区管理、后勤指挥管理、战场环境模拟、应急响应、目标位置识别、智能数据集成
环境管理	垃圾填埋场选择、矿物分布制图、污染检测、自然灾害评估、灾害管理和救济、环境影响和评估
商业	市场份额分析、运输车辆管理、保险、零售点位置选择

1.4 GIS与其他学科的关系

地理信息系统是一门综合性学科，与地理学、地图学、遥感以及计算机科学等学科相结合，已经广泛地应用于不同的领域。

1.4.1 与相关学科的关系

GIS是现代科学技术发展和社会需求的产物。人口、资源、环境、灾害是影响人类生存与发展的四大基本问题。为了解决这些问题，需要借助自然科学、工程技术、社会科学等多学科、多手段联合攻关。于是，许多不同的学科，包括地理学、测量学、地图制图学、摄影测量与遥感、计算机科学、数学、统计学，以及一切与处理和分析空间数据有关的学科，都在寻找一种能采集、存储、检索、变换、处理和显示输出从自然界和人类社会获取的各式各样数据与信息的强有力工具，其归宿就是地理信息系统，或称空间信息系统、资源与环境信息系统。因此，GIS具有明显的多学科交叉的特征，它既要吸取诸多相关学科的精华和营养，并逐步形成独立的交叉学科，又将被多个相关学科所运用，并推动它们的发展。尽管GIS涉及众多的学科，但与之联系最为紧密的还是地球系统科学、测绘科学与技术、计算机科学与技术等。地理学和测绘学是以地域为单元研究人类居住的地球及其部分区域，研究人类环境的结构、功能、演化及人地关系的。空间分析是GIS的核心，地理学作为GIS的分析理论基础，可为GIS提供引导空间分析的方法和观点。测绘学和遥感技术不但为GIS提供快速、可靠、多时相和廉价的多种信息源，而且它们中的许多理论和算法可直接用于空间数据的变换、处理。遥感是20世纪60年代以后发展起来的新兴学科。遥感信息所具有的多源性，弥补了常规野外测量所获取数据的不足和缺陷，同时遥感图像处理技术上的巨大成就，使人们能够在从宏观到微观的范围内，快速而有效地获取和利用多时相、多波段的地球资源与环境的图像信息，进而为改造自然、造福人类服务。全球定位系统是新一代卫星导航和定位系统。美国已于1993年完成了整个系统的部署，达到了全效能服务的阶段。它在测量和勘察领域可以取代常规大地测量来完成各种等级的定位工作，在航空摄影和遥感领域，GPS遥感对地定位系统很有发展前途，在舰船、飞机、汽车的导航定位，导弹的精确制导方面应用更为广泛，在地球动力学、重力场、磁场等的研究中也能发挥很大作用。

此外，GIS最初是从机助地图制图系统起步的，早期的GIS往往受到地图制图中在内容表达、处理和应用方面的习惯影响。但是建立在计算机技术和空间信息技术基础上的GIS数据库和空间分析方法，并不受传统地图纸平面的限制。GIS不应当只是存取和绘制地图的工具，而应当是存取和处理空间实体的有效工具和手段，存取和绘制地图只是其功能之一。

再者，GIS与计算机科技、数学、运筹学、统计学、认知科学等学科也密切相关。计算机辅助设计(computer-aided design，CAD)为GIS提供了数据输入和图形显示的基础软件；数据库管理系统(DBMS)更是GIS的核心；数学的许多分支，尤其是几何学、图论、拓扑学、统计学、决策优化方法等被广泛应用于GIS空间数据的分析。

总之，遥感技术可以为资源检测和环境监测提供丰富、实时的宏观信息，并为机助地图制图系统和GIS的数据更新提供可靠、快速的数据源，但遥感技术对浩如烟海的社会经济统计数据、人类活动的大量信息却无力获取。计算机制图技术可为地理信息的时空分布和产品输出提供先进的手段，但它本身无区域综合、分析和决策的功能。GPS技术、数字摄影测量和遥感技术可成为GIS数据采集和及时更新的主要技术手段和有力支撑。GIS既能提供信息查询、检索服务，又能提供综合分析评价，它在资源和技术方面的博才取胜与运筹帷幄的优势，是遥感、GPS和计算机制图技术所不及的。因此，只有将它们有机结合起来，才能使遥感和GPS技术所获取的瞬时信息经过积累和延伸，具有反映自然历史发展过程和人为影响的能力，并实现实时处理的功能，为科学管理、规划决策服务。这样，逐步形成了GIS与诸多学科之间互相有联系也有挑战、彼此推动、共同发展的关系和局面。

1.4.2 与其他信息系统的区别和联系

如上所述，计算机制图技术、计算机辅助设计技术、数据库管理技术、遥感图像处理技术奠定了地理信息系统的技术基础。地理信息系统是这些学科的综合，它与这些学科和系统之间既有联系又有区别，为更好地理解GIS，需要知道GIS与这些系统之间的区别。

1. GIS与机助地图制图系统的区别和联系

计算机制图技术是地理信息系统的主要技术基础，它涉及GIS中的空间数据采集、表示、处理、可视化，甚至空间数据的管理。无论是在国际还是国内，GIS早期的技术都反映在机助地图制图方面。机助地图制图系统或者说数字地图制图系统，与GIS相比，在概念和功能上有很大的差异，它涵盖了相当大的范围——从大比例尺的数字测图系统、电子平板，到小比例尺的地图编辑出版系统、专题图的桌面制图系统、电子地图制作系统及地图数据库系统。它们的功能主要强调空间数据的处理、显示与表达，有些数字地图制图系统包含空间查询功能。

地理信息系统和机助地图制图系统的主要区别在于空间分析方面。一个功能完善的地理信息系统可以包含机助地图制图系统的所有功能，此外它还应具有丰富的空间分析功能。当然在很多情况下，机助地图制图系统与地理信息系统是很难区分的，但要建立一个决策支持型的 GIS 应用系统，需要对多层的图形数据和属性数据进行深层次的空间分析，以提供对规划、管理和决策有用的信息，各种空间分析如缓冲区分析、叠置分析、地形分析、资源分配等功能是必要的。

2. GIS 与数据库管理系统的区别和联系

数据库管理系统目前一般指商用的关系数据库管理系统，如 Oracle、SyBase、SQL Server、Infomix、FoxPro 等。它们不仅是一般事务管理系统，如银行系统、财务系统、商业管理系统、飞机订票系统等系统的基础软件，而且通常也是地理信息系统中属性数据管理的基础软件。目前甚至有些 GIS 的图形数据也交给关系数据库管理系统管理，而关系数据库管理系统也在向空间数据管理方面扩展，如 Oracle、Infomix、Ingres 等都增加了管理空间数据的功能，今后 GIS 中的图形数据和属性数据有可能全部由商用的关系数据库管理系统管理。但是数据库管理系统和地理信息系统之间还存在着区别。地理信息系统除需要功能强大的空间数据的管理功能之外，还需要具有图形数据的采集、空间数据的可视化和空间分析等功能。所以，GIS 在硬件和软件方面均比一般事务数据库更加复杂，在功能上也比后者要多得多。例如，电话查号台可看作一个事务数据库系统，它只能回答用户所查询的电话号码，而一个用于通信的地理信息系统除了可查询电话号码外，还可提供所有电话用户的地理分布、电话空间分布密度、公共电话的位置与分布、与新装用户距离最近的电信局等信息。

3. GIS 与 CAD 的区别和联系

计算机辅助设计(CAD)是计算机技术用于机械、建筑、工程中产品设计的系统，它主要用于设计各种产品和工程的图形，大至飞机，小到计算机芯片等。CAD 主要用来代替或辅助工程师们进行各种设计工作，也可以与计算机辅助制造(CAM)系统共同用于产品加工中作实时控制。

GIS 与 CAD 的共同特点是二者都有坐标参考系统，都能描述和处理图形数据及其空间关系，也都能处理非图形属性数据。它们的主要区别是，CAD 处理的多为规则几何图形及其组合，图形功能极强，属性功能相对较弱。而 GIS 处理的多为地理空间的自然目标和人工目标，图形关系复杂，需要有丰富的符号库和属性库，GIS 需要有较强的空间分析功能，图形与属性的相互操作十分频繁，且多具有专业化的特征。此外，CAD 一般仅在单幅图上操作，海量数据的图库管理的能力比 GIS 要弱。但是由于 CAD 具有极强的图形处理能力，也可以设计丰富的符号相连接属性，许多用户都把它作为机助地图制图系统使用。有些软件公司为了充分利用 CAD 图形处理的优点，在 CAD 基础之上进一步开发出地理信息系统，如 Intergraph 公司开发了基于 MicroStaion 的 MEG，ESRI 公司与 AutoDesk 公司合作推出了 ARC－CAD。AutoDesk 公司最近又推出基于 AutoDesk 的地理信息系统软件（或者称为地图数据管理软件）AutoMap。

4. GIS 与遥感图像处理系统的区别和联系

遥感图像处理系统是专门用于对遥感图像数据进行分析处理的软件。它主要强调对遥感栅格数据的几何处理、灰度处理和专题信息提取。遥感数据是地理信息系统的重要信息源，遥感数据经过遥感图像处理系统处理之后，或是进入 GIS 系统作为背景影像，或是与经过分类的专题信息系统一道协同进行 GIS 与遥感的集成分析。一般来说，遥感图像处理系统不便于用作地理信息系统。然而，许多遥感图像处理系统的制图功能较强，可以设计丰富的符号与注记，并可进行图幅整饰，生产精美的专题地图。有些基于栅格数据的遥感图像处理系统除了能进行遥感图像处理之外，还具有空间叠置分析等 GIS 的分析功能。但是这种系统一般缺少实体的空间关系描述，难以进行某一实体的属性查询和空间关系查询及网络分析等。当前遥感图像处理系统和地理信息系统的发展趋势是两者的进一步集成，甚至研究开发出在同一用户界面内进行图像和图形处理，以及矢量、栅格数据和 DEM 数据的整体结合的存储方式。

1.5 GIS 的发展历程

在过去的几十年中，GIS 逐渐从一个概念发展成为一个学科，成为人们理解和规划世界的强大平台。GIS 发展历程可以分为以下几个阶段。

1.5.1 地理信息系统的起始发展阶段

地理信息系统起源于北美。加拿大测量学家 R. F. Tomlinson 设想使用计算机合并各省的自然资源数据，于 1963 年提出并建立了世界上第一个地理信息系统——加拿大地理信息系统（CGIS）。之后美国哈佛大学研究生部主任 Howard T. Fisher 设计和建立了 SYMAP系统软件，当时的 GIS 受到计算机技术水平的制约，带有很多机助制图色彩。这一阶段很多 GIS 研究组织和机构纷纷成立，比如，美国成立了城市和区域信息系统协会（URISA），国际地理联合会（IGU）设立了地理数据收集委员会（CGDSP）。

20 世纪 50—60 年代，计算机硬件系统的功能还很弱，计算机存储能力很小且磁带存取速度也慢，这一切都极大地制约着地理信息系统软件技术的发展。该阶段 GIS 的图形功能和地学分析功能非常有限，主要关注的是空间地理信息的管理，是地理信息系统的起步阶段。这个阶段成立了很多 GIS 组织和机构，在传播 GIS 知识和发展 GIS 技术等方面起着重要的指导作用。到 60 年代末期，针对 GIS 一些具体功能的软件技术有了较大发展。

1.5.2 地理信息系统的巩固发展阶段

20 世纪 70 年代，在陈述彭院士的大力推动下，GIS 技术进入了中国。这个时期，计算机硬件技术和软件技术飞速发展，是地理信息系统的巩固发展阶段。这个阶段更加注重空间地理信息的管理,人机图形交互技术的发展取得了很大进展。

这个时期的地理信息系统充分利用了新的计算机技术,数据处理速度加快,内存容量增大,出现了大容量直接存储设备,输入、输出设备也更加齐全,这些都为地理数据的录入、存储、检索、输出等提供了强有力的支撑。图形、图像卡等技术的发展则增强了人机对话和图形的显示功能,为基于图形的人机交互提供了良好的基础。

但是,这个阶段地理信息系统的数据分析能力仍然较弱,在地理信息系统技术方面未有新的突破;系统的应用与开发多限于某个机构;专家个人的影响削弱,而政府的影响增强。

1.5.3　地理信息系统技术推广应用阶段

20世纪80年代,图形工作站和个人计算机等新一代计算机陆续出现,再加上计算机网络的建立,使地理信息的传输时效得到极大的提高。在系统软件方面,完全面向数据管理的数据库管理系统(DBMS)通过操作系统(OS)管理数据,系统软件工具和应用软件工具被开发出来,数据处理开始和数学模型、模拟等决策工具结合。地理信息系统的应用领域迅速扩大,从资源管理、环境规划到应急反应,从商业服务区域划分到政治选举分区等,涉及了许多学科与领域(如古人类学、景观生态规划、森林管理、土木工程以及计算机科学等)。这一时期,许多国家制定了本国的地理信息系统发展规划,启动了若干科研项目,建立了一些政府性、学术性机构,如美国于1987年成立了国家地理信息与分析中心(NCCIA),英国于1987年成立了地理信息协会。同时,商业性的咨询公司、软件制造商涌现,并提供系列专业化服务。地理信息系统成功引起了工业化国家的普遍兴趣,各国都在积极促进地理信息系统的发展和应用。地理信息系统不再受国家界线的限制,开始用于解决全球性的问题。

1.5.4　地理信息系统的应用普及时代

20世纪90年代是地理信息系统的应用普及阶段,GIS的功能和应用得到大幅拓展和延伸,GIS开始真正走向大众化和社会化。在这个阶段,地理信息系统已经是许多机构必备的工作系统,随着各个领域对地理信息系统认识程度和认可程度的提高,应用需求大幅度增加,促使地理信息系统向更深的应用层次发展,表现出从地理信息系统走向地理信息服务的趋势,发展趋势包括网络GIS、互操作GIS、地理信息共享与标准化、时态GIS、3S集成、虚拟GIS、移动GIS、数字地球和格网GIS等。其中,数字地球、格网GIS、虚拟现实GIS、移动GIS等是这个阶段出现的标志性技术。随着空间理论和网络技术的飞速发展,GIS从技术上向更具有互操作性和更加开放化、网络化、分布化、移动化、可视化的方向发展,从应用上向着更高层次的数字地球、地球信息科学及大众化的方向发展。该时期GIS的发展呈现以下特点:①多源数据信息共享;②数据实现跨平台操作;③平衡计算负载和网络流量负载;④操作及管理简单化;⑤应用普及化、大众化。

1.5.5　地理信息系统的大变革时代

进入21世纪之后,随着计算机技术和智能设备的进一步发展,地理信息系统开始步入一个大变革的时代。在应用需求和技术革新的双重作用下,地理信息系统一方面转向地理信息科学，更加注重学科建设与学科创新；另一方面转向地理信息服务，使服务更加智能。

1. 论述数据与信息的区别和联系。

2. 地理信息的主要特征有哪些？试举例分析。

3. 论述地理信息系统的基本内涵与特征。

4. GIS 的组成部分有哪些？它们在 GIS 中的作用分别是什么？

5. 论述 GIS 的基本功能。

6. 请根据 GIS 的应用功能，举例论述 GIS 的应用。

第 2 章　空间信息基础

空间信息基础是将地理空间数字化、信息化的数学基础，是 GIS 空间数据进行定位、量算、转换和参与空间分析的基准。所有空间数据必须置于相同空间参考基准下才可以进行空间分析。地理空间信息基础主要包括地球空间参考、地图投影、空间尺度等内容。地球空间参考解决地球的空间定位与数学描述问题，地图投影主要解决如何把地球曲面信息展布到二维平面的问题，空间尺度规定在多大的详尽程度研究空间信息，以实现空间数据的科学有效的管理。掌握空间信息基础是正确应用 GIS 完成各种空间分析与应用的基础。

2.1　地球空间概述

人类对地球形状和大小的认识经历过漫长的考察和研究。公元前 3 世纪，希腊学者亚里士多德认为大地是个球体。我国唐朝僧人最早对地球大小进行了实测。公元 827 年，阿拉伯伊斯兰教主也对地球进行过一次弧度测量。17 世纪以后，随着天文学、物理学以及大地测量学的发展与实践，人们逐渐认识到地球并不是一个圆球，而是一个极半径略短、赤道半径略长、北极略突出、南极略扁平的椭球体。

地球的表面崎岖不平，是一个极其复杂的不规则曲面。为了深入研究地理空间，需要寻求一种与地球表面极其接近的规则曲面，以建立地球表面的几何模型。根据大地测量学的研究成果，地球表面几何模型可以分为四类，分述如下：

第一类是地球的自然表面，它是一个凹凸不平、形态十分复杂的表面，是包括海洋底部、高山高原在内的固体地球表面。固体地球表面的形态是多种内、外营力在漫长的地质时代综合作用的结果，极不规则，难以用一个简洁的数学表达式描述出来，所以不适合数学建模，不能作为测量与制图的基准面。

第二类是地球的物理表面。大地测量学研究的是在整体上非常接近地球自然表面的理想水准面。假设当海水处于完全静止的平衡状态时，海平面延伸到所有大陆下部，与地球重力方向处处正交，形成一个连续、闭合的水准面，这就是大地水准面，如图 2-1 所示。大地水准面是一个重力等位面，它在理论上与静止海平面重合，是地球的物理表面。大地水准面包围的形体是一个水准椭球，称为大地体，是地球形状的极近似。它不仅表达了地球大部分自然表面的形状，而且大地水准面以上多出的陆地质量几乎就是大地水准面下缺少的陆地质量。因此,大地水准面在整体上非常接近地球自然表面,但由于地球内部物质分布不均匀、地面高低起伏不平等因素的影响,大地水准面存在局部的不规则起伏,并不是一个严格的数学曲面,无法用一个简单的形状和数学公式表述。为此,有学者建议使用一个能给定严密公式的似大地水准面来替代它。各国也往往会选择一个平均海水面代替大地水准面,作为统一的高程基准面。

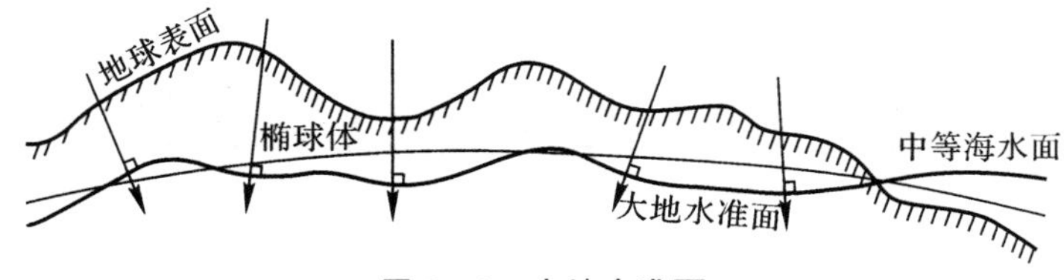

图 2-1　大地水准面

第三类是地球的数学表面。假设将地球体绕短轴(地轴)飞速旋转,就能形成一个表面光滑的球体,即旋转椭球体,或称地球椭球体。地球椭球体的表面是一个规则的数学曲面,与大地体非常接近,如图 2-2 所示。因此,在大地测量以及 GIS 应用中,都会选择一个地球椭球作为地球理想的模型。地球椭球并不是一个任意的旋转椭球体,只有与水准椭球一致的旋转椭球才能用作地球椭球。在地球空间信息科学中,地球椭球表面是几何参考面,在地球体上进行的大地测量结果要归算到这一参考面上。在有关投影和坐标系统的叙述内容中,地球椭球有时也被称为参考椭球。

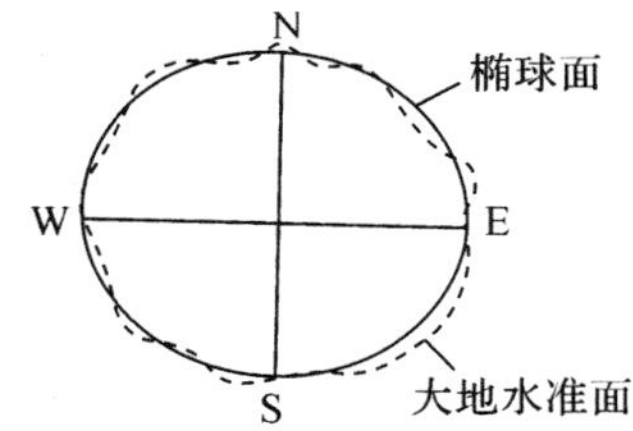

图 2-2　大地水准面与旋转椭球面

地球椭球的确定涉及非常复杂的大地测量学内容,在经典大地测量学中,研究地球形状基本上采用的是几何方法,表征地球椭球体的几何参数包括长半轴 a、短半轴 b、扁率 α 等,如下列两式所示:

$$\frac{x^2}{a^2}+\frac{y^2}{a^2}+\frac{z^2}{b^2}=1 \tag{2-1}$$

$$\alpha=\frac{a-b}{a} \tag{2-2}$$

随着人造卫星技术和空间技术的发展,在现代大地测量学中,研究地球形状,不但要考虑地球的几何形态,还要顾及地球的物理特性,提供的地球椭球既有几何参数又有物理参数,并且所确定的地球形状参数的精度非常高。地球椭球的确定是一门专业性很强的技术。世界上大多数国家都设有专门的研究机构,研究适合本国区域的地球椭球参数。国际大地测量协会也设有专门委员会负责全球区域椭球参数的确定和协调工作。不同的限制条件,不同的研究方法,得到的地球椭球不尽相同。

有了参考椭球,在实际建立地理空间坐标系统的时候,还需要指定一个大地基准面将这个椭球体与大地体联系起来，称为椭球定位。所谓的定位，就是依据一定的条件，将具有给定参数的椭球与大地体的相关位置确定下来。这里所指的一定条件，可以理解为两个方面：一是依据什么要求使大地水准面与椭球面符合，二是对轴向的规定。参考椭球的短轴与地球旋转轴平行是参考椭球定位的最基本要求。强调局部地区大地水准面与椭球面较好的定位，通常称为参考定位，如我国1980西安坐标系；强调全球大地水准面与椭球面符合较好的定位，通常称为绝对定位，如WGS 1984坐标系(1984年世界大地坐标系)。椭球定位是一个复杂的专业工作，定位的好坏直接影响国民经济建设。随着空间技术的发展以及观测资料的积累，每经过一段时间，国家或国际大地测量组织就会推出新的参考椭球参数，修正正在使用的地理空间坐标的具体定义。

第四类是数学模型，是在解决其他一些大地测量学问题时提出来的，如类地形面、准大地水准面、静态水平衡椭球体等。

2.2　地理空间坐标系统

2.2.1　坐标系统的分类及基本参数

地理空间坐标系是用来描述和定位物体的空间位置的数学系统。在实际应用中，不同的任务需要采用不同的坐标系统。通常情况下，地理空间坐标系统分为球面坐标系统和平面坐标系统，如图2-3所示。平面坐标系统也常被称为投影坐标系统。

地理空间坐标系的建立必须依托于一定的地球表面几何模型。球面坐标系统，主要参考一个地球椭球和一个大地基准面，大地基准面规定了地球椭球与大地体的位置关系。平面坐标系统则是依据投影规则，按照球面坐标与平面坐标之间的映射关系，将球面坐标转绘到平面上。

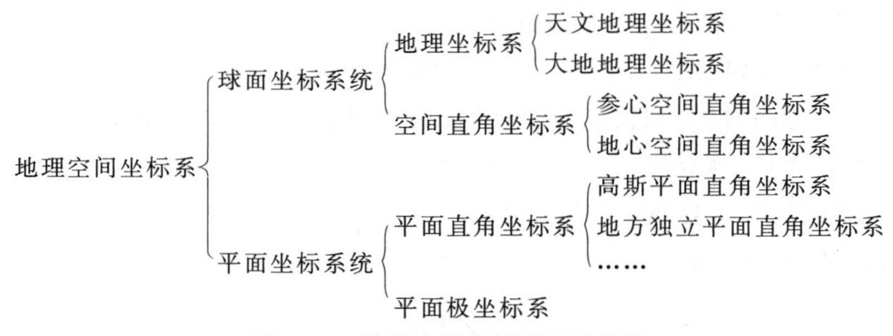

图2-3　地理空间坐标系统的分类

不同国家和地区，不同时期，即便是相同的地理空间坐标系(如大地地理坐标系)，由于具体坐标系基本参数规定的不同，同一空间点的坐标值有所不同。此时，如果要对其进行一些空间分析，则需要进行坐标变换。

2.2.2　球面坐标系统的建立

在经典的大地测量中，常用地理坐标和空间直角坐标的概念描述地面点的位置。根据建立坐标系统采用椭球的不同，地理坐标系又分为天文地理坐标系和大地地理坐标系。前者是以大地体为依据，后者是以地球椭球为依据。空间直角坐标系分为参心空间直角坐标系和地心空间直角坐标系，前者以参考椭球中心为坐标原点，后者以地球质心为坐标原点。

1. 天文地理坐标系

天文地理坐标系以地心为坐标原点，Z 轴与地球平均自转轴重合，ZOX 是天文首子午面，以格林尼治平均天文台定义。OY 轴与 OX、OZ 轴组成右手坐标系，XOY 为地球平均赤道面，如图 2-4 所示。大地水准面存在局部的不规则起伏，地面垂线方向也是不规则的，它们不一定指向地心，也不一定同地轴相交。因此，天文纬度为测站垂线方向与地球平均赤道面的交角，常以 φ 表示，赤道面以北为正，以南为负；天文经度为首天文子午面与测站天文子午面的夹角，常以 λ 表示，首子午面以东为正，以西为负。此外，因为大地水准面是假定以海水面延伸至所有大陆下部形成的闭合曲面，并非地球自然表面，所以在表示地面的某个空间位置时还需要将高程列入天文坐标中，天文地理坐标系中的坐标值用(λ,φ,H)来表示。

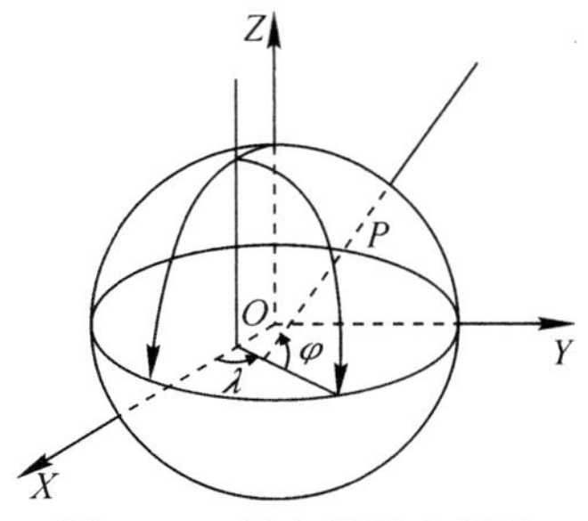

图 2-4　天文地理坐标系

2. 大地地理坐标系

大地地理坐标系，简称大地坐标系，是依托地球椭球，用定义后的原点和轴系及相应基本参考面，标示较大地域地理空间位置的参照系。一点在大地地理坐标系中的位置以大地纬度与大地经度表示，如图 2-5 所示，WAE 为椭球赤道面，NAS 为大地首子午面，P_D 为地面任一点，P 为 P_D 在椭球上的投影，则地面点 P_D 对椭球的法线 P_DPK 与赤道面的交角为大地纬度，常以 B 表示，从赤道面起算，向北为正，向南为负。大地首子午面与 P 点的大地子午面间的二面角为大地经度，常以 L 表示，从大地首子午面起算，向东为正，向西为负。大地地理坐标系中的坐标值用(B,L,H)来表示。

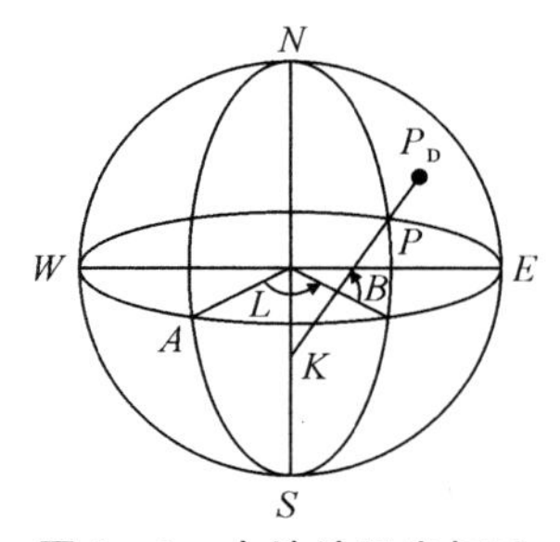

图 2-5　大地地理坐标系

3. 空间直角坐标系

在空间直角坐标系中，点的坐标可以用该点所对应的矢径在三个坐标轴上的投影长度来表示。空间直角坐标系可以分为参心空间直角坐标系和地心空间直角坐标系。

(1)参心空间直角坐标系。参心空间直角坐标系是在参考椭球上建立的三维直角坐标系，坐标系的原点位于椭球的中心，Z 轴与椭球的短轴重合，X 轴位于大地首子午面与赤道面的交线上，Y 轴与 XOZ 平面正交，$OXYZ$ 构成右手坐标系，如图 2－6 所示。在建立参心坐标时，由于观测范围的限制，不同的国家或地区要求所确定的参考椭球面与局部大地水准面最密合。我国早期使用的 1954 北京坐标系和 1980 西安坐标系就属于参心空间直角坐标系。

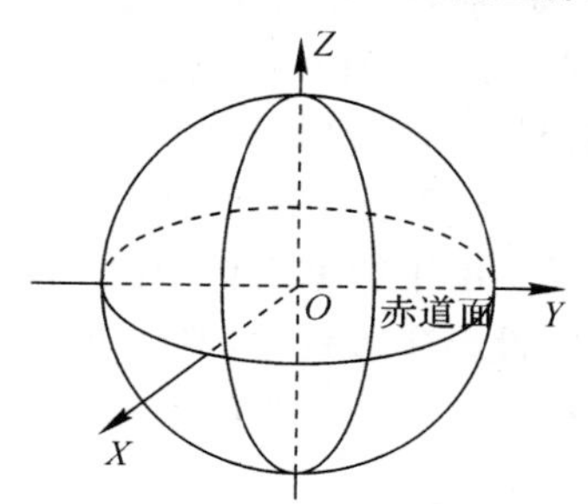

图 2－6　参心空间直角坐标系

(2)地心空间直角坐标系。地心空间直角坐标系的原点 O 与地球质心重合，Z 轴指向地球北极，X 轴指向格林尼治平均子午面与地球赤道的交点，Y 轴垂直于 XOZ 平面构成右手坐标系。我国的 2000 国家大地坐标系就属于地心坐标系统，简称 CGCS 2000，其原点与地球质心是重合的，参考椭球的旋转轴与 Z 轴重合。在 CGCS 2000 基准下可获得高精度的三维空间定位成果，避免了测量成果在转换过程中的精度损失。WGS 1984 坐标系也是地心空间直角坐标系，它是为了解决 GPS 定位而产生的全球统一的地心坐标系，一般提供给用户的坐标值是经纬度坐标形式(B，L，H)，可以经过复杂数学公式计算出空间直角坐标(X，Y，Z)。

2.2.3　平面坐标系统的建立

地球表面是不可伸展的曲面，曲面上的各点不能直接表示在平面上，必须运用地图投影的方法，将球面上的点投影到平面上。因此，地球表面上任一由地理坐标确定的点，在平面上必有一个与它相对应的点，平面上任一点的位置可以由极坐标或直角坐标表示。因此，平面坐标系分为平面直角坐标系和平面极坐标系。

1. 平面直角坐标系

在平面上选一点 O 为直角坐标原点，过该点 O 作相互垂直的两轴 $X'OX$ 和 $Y'OY$ 而建立平面直角坐标系，如图 2－7 所示。直角坐标系中，规定 OX、OY 方向为正值，OX'、OY' 方向为负值，因此在坐标系中的一个已知点 P，它的位置便可由该点对 OX 与 OY 轴的垂线长度唯一地确定，即 $x=AP$，$y=BP$，通常记为 $P(x,y)$。

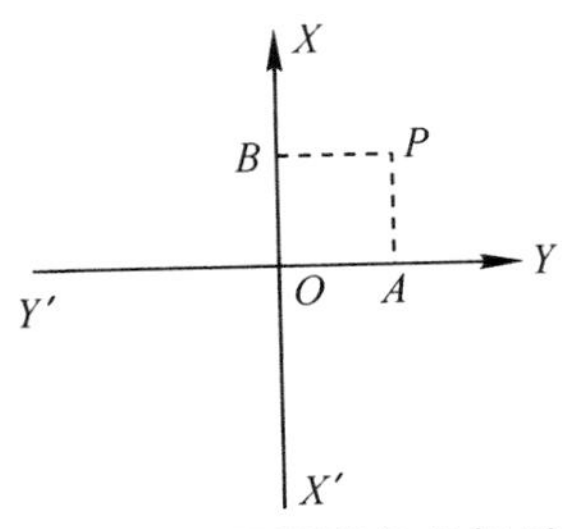

图 2-7　平面直角坐标系

(1)高斯平面直角坐标系。为了便于地形图的量测作业，在高斯投影带内布置了平面直角坐标系，规定以中央经线为 X 轴，赤道为 Y 轴，中央经线与赤道交点为坐标原点。同时规定，X 值在北半球为正，在南半球为负，Y 值在中央经线以东为正，以西为负。为了计算方便，避免 Y 值出现负值，还规定各投影带的坐标纵轴均西移 500 km，中央经线上原横坐标值由 0 变为 500，在整个投影带内 Y 值就不会出现负值了。

(2)地方独立平面直角坐标系。由于国家坐标中每个高斯投影带都是按一定间隔划分的，距离投影带的中央经线越远则投影变形越大，但中央经线不可能刚好落在城市和工程建设地区的中央，为了将投影变形控制在一个微小的范围内，还需要建立适合本地区的地方独立坐标系。

建立地方独立平面直角坐标系，实际上就是通过一些元素的确定来决定地方参考椭球与投影面。地方参考椭球一般选择与当地平均高程相对应的参考椭球，该椭球的中心、轴向和扁率与国家参考椭球相同。

2. 平面极坐标系

如图 2-8 所示，设O'为极坐标原点，$O'O$ 为极轴，P 是坐标系中的一个点，则$O'P$ 称为极距，用符号 ρ 表示，则 $\rho=O'P$；$\angle OO'P$ 为极角，用符号 δ 表示，则$\angle OO'P=\delta$。极角 δ 由极轴起算，逆时针方向为正，顺时针方向为负。

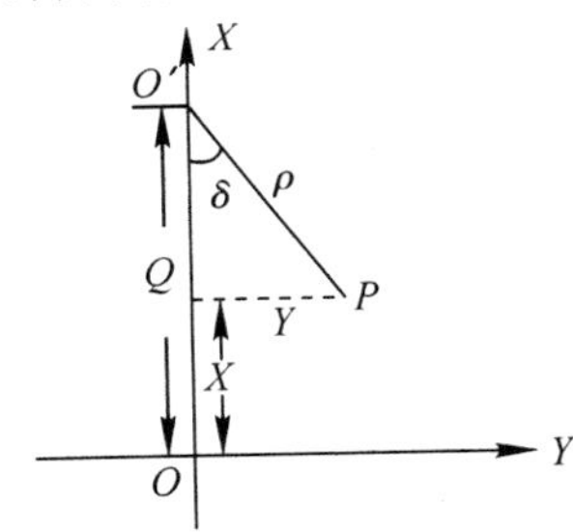

图 2-8　平面极坐标系

极坐标与平面直角坐标之间可建立一定的关系：

$$\left.\begin{aligned}X&=Q-\rho\cos\delta\\Y&=\rho\sin\delta\end{aligned}\right\}\qquad(2-3)$$

2.2.4　高程基准

1. 概述

高程是表示地球上一点至参考基准面的距离，就一点位置而言，它和水平量值一样，是不可缺少的。它和水平量值一起，统一表达点的位置。对于人类活动，包括国家建设和科学研究，乃至人们生活，高程都是最基本的地理信息。从测绘学的角度来讨论，所谓高程是对某一具有特定性质的参考面而言的。没有参考面，高程就失去了意义，对同一点，其参考面不同，高程的意义和数值也不同。

人们通常所说的高程是以平均海面为起算基准面，所以高程也被称作标高或海拔，包括高程起算基准面和相对于这个基准面的水准原点（基点）高程，就构成了高程基准。高程基准是推算国家统一高程控制网中所有水准高程的起算依据，它包括一个水准基面和一个永久性水准原点。

2.我国主要高程基准

（1）1956年黄海高程系。以青岛港验潮站的长期观测资料推算出的黄海平均海面作为中国的水准基面，即零高程面。中国水准原点建立在青岛验潮站附近。用精密水准测量仪测定水准原点相对于黄海平均海面的高差，即水准原点的高程，作为全国高程控制网的起算高程。

以黄海平均海水面建立起来的高程控制系统，统称“1956年黄海高程系”。

（2）1985年国家高程基准。1987年，因多年观测资料显示，黄海平均海平面发生了微小的变化，国家决定启用新的高程基准面，即“1985年国家高程基准”。水准基面为青岛港验潮站1952—1979年验潮资料确定的黄海平均海面，与1956黄海高程系相比，其高程差为29 mm。高程控制点的高程也发生微小的变化，但对已成图上的等高线的影响则可忽略不计。

这一高程基准面只与青岛港验潮站所处的黄海平均面重合。所以，我国陆地水准测量的高程起算面不是真正意义上的大地水准面。

2.2.5 深度基准

海水在不断地发生变化，海水的高度大约一半时间在平均海面以上，一半时间在平均海面以下，如果以平均海面向下计算水深，则大约有一半时间没有那么深。为了保证航行安全并充分利用航道，还需要确定深度基准。所谓深度基准，是指海图图载水深及其相关要素的起算面，通常会取当地平均海面向下一定深度为深度基准面。

深度基准面要定得合理，不易过高或过低。海图图载水深为最小水深。平均海面至其下一定深度的深度基准面的距离，称为深度基准面值，常以 L 表示，如图2-9所示。

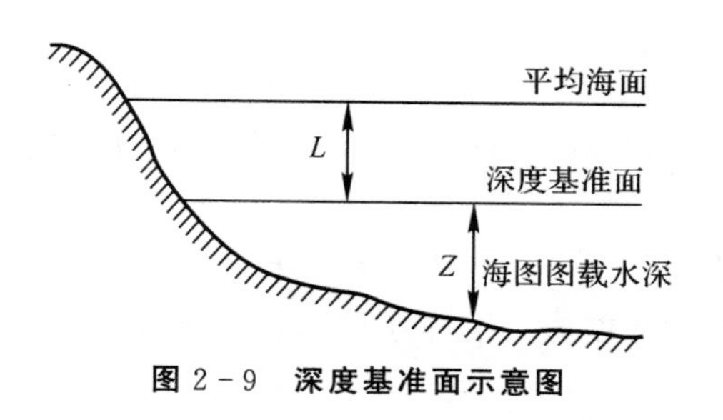

图2-9 深度基准面示意图

2.3 地图投影

2.3.1 地图投影的基本问题

地面点虽然可以沿法线表示到参考椭球面上，但是缩小的球面（如地球仪）不便于使用和保管，一般均使用平面图。参考椭球面是不可展曲面，不可能用物理的方法将它展成平面，因为那样必然会使曲面产生裂口、褶皱和重叠。因此，要把参考椭球面上的点、线、面换算到平面上，就要解决曲面到平面的矛盾。为了解决这一问题，地图投影应运而生。

在数学中，投影的含义是建立两个点集之间一一对应的映射关系。同样，在地图学中，地图投影的实质就是按照一定的数学法则，将地球椭球面上的经纬网转换到平面上，建立地面点的地理坐标(B,L)与地图上相对应的平面直角坐标(X,Y)之间一一对应的函数关系。

地球表面是一个不规则的曲面，即使把它当作一个椭球体或正球体表面，在数学上讲，它也是一种不可能展开的曲面，要把这样的一个曲面表现到平面上，就会发生裂隙或褶皱。在投影面上，可运用经纬线的“拉伸”或“压缩”（通过数学手段）来避免，以便形成一幅完整的地图。这样一来，也就产生了变形。地图投影的变形通常可分为长度、面积和角度三种变形，并通过它们的变形比来衡量投影变形的程度。

1.长度变形与长度比

长度比指地面上微分线段投影后的长度ds'与其相应的实地长度 ds 之比。如用符号 μ 表示长度比，那么有

$$\mu = ds'/ds \tag{2-4}$$

长度变形指长度比与1的差值。如果用符号 V_μ表示长度变形，则

$$V_\mu = \mu - 1 \tag{2-5}$$

若 $V_\mu=0$，则投影后长度没有变形；若 $V_\mu<0$，则投影后长度缩小；若 $V_\mu>0$，则投影后长度增大。

投影上的长度比不仅随该点的位置而变化，而且随着其在该点上的不同方向而变化。这样，在一定点上的长度比必存在最大值和最小值，称其为极值长度比，并通常用符号 a 和 b 表示极大与极小长度比。极值长度比的方向称为主方向。沿经线和纬线方向的长度比分别用符号 m、n 表示。在经纬线正交投影中，沿经纬线方向的长度比即为极值长度比，此时 $m=a$ 或 $m=b$，$n=b$ 或 $n=a$。

2.面积变形与面积比

面积比指地面上微分面积投影后的大小 dF'与其相应的实地面积 dF 的比，通常用符号 P 表示，即

$$P = dF'/dF \tag{2-6}$$

面积变形指面积比与1的差值。用符号 V_P 表示，那么

$$V_P = P - 1 \tag{2-7}$$

若 $V_P=0$，则投影后面积没有变形；若 $V_P<0$，则投影后面积缩小；若 $V_P>0$，则投影后面积增大。

3. 角度变形

角度变形指地面上某一角度投影后的角值 β' 与其实际的角值 β 之差，即 $\beta'-\beta$。在一定点上，方位角的变形随不同的方向而变化，所以一点上不同方向的角度变形是不同的。投影中，一定点上的角度变形的大小是用其最大值来衡量的，称最大角度变形，通常用符号 ω 表示。其定义公式如下：

$$\sin\frac{\omega}{2}=\frac{a-b}{a+b} \tag{2-8}$$

若 $\omega=0$，则投影后角度没有变形；若 $\omega<0$，则投影后角度缩小；若 $\omega>0$，则投影后角度增大。

地球上无穷小圆在投影中通常不可能保持原来的形状和大小，而是投影成为大小不同的圆或各种形状大小的椭圆，统称为变形椭圆，如图 2-10 所示。

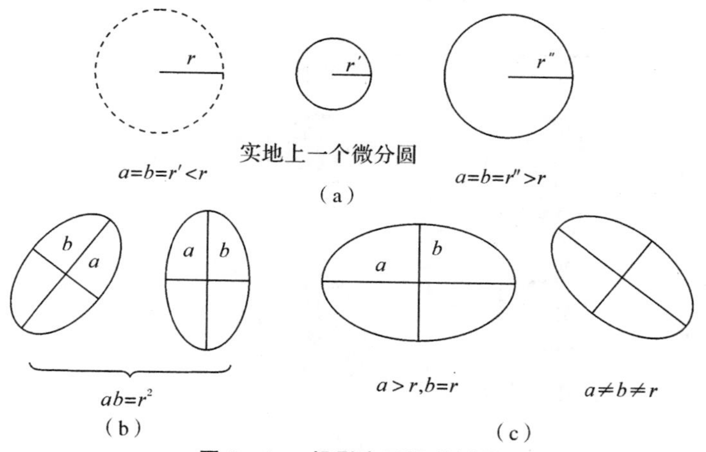

图 2-10　投影变形误差椭圆

一般可以根据变形椭圆来确定投影的变形情况。如果投影后为大小不同的圆形，如图 2-10(a)所示，$a=b$，则该投影为等角投影；如果投影后为面积相等而形状不同的椭圆，如图 2-10(b)所示，$ab=r^2$，则该投影为等积投影；如果投影后为面积不等、形状各不相同的椭圆，如图 2-10(c)所示，则为任意投影，其中如果椭圆的某一半轴与微分圆的半径相等，如 $b=r$，则为等距投影。从变形椭圆中还可以看出，变形椭圆的长短半轴之比即为极值长度比，长轴与短轴的方向即为主方向。

控制投影各种变形，满足具体应用的需求，是建立地图投影需要考虑的基本问题。在历史上，众多的数学家、物理学家、天文学家等创立了种类繁多的地图投影。地图投影的建立方法可以分为几何透视法和数学解析法两种。

(1)几何透视法。几何透视法是利用透视的关系，将地球表面上的点投影到投影面(借助的几何面)上的一种方法。如假设地球按比例缩小成一个透明的地球仪般的球体，在其球心或球面、球外安置一个光源，将球面上的经纬线投影到球外的一个投影平面上，即将球面经纬线转换成了平面上的经纬线。几何透视法是一种比较原始的投影方法，有很大的局限性，难以纠正投影变形，精度较低。当前绝大多数地图投影都采用数学解析法。

(2)数学解析法。数学解析法是在球面与投影面之间建立点与点的函数关系，通过数学的方法确定经纬线交点位置的一种投影方法。大多数的数学解析法往往是在几何透视法投影的基础上建立球面与投影面之间点与点的函数关系的，因此两种投影方法有一定的联系。

2.3.2 地图投影的分类

地图投影的种类繁多，国内外学者提出了许多地图投影的分类方案，但迄今尚无一种公认的分类方案。地图投影通常采用以下两种分类方法：按构成方法分类和按变形性质分类。

1. 按地图投影的构成方法分类

按照构成方法，可以把地图投影分为几何投影和非几何投影。

(1)几何投影。几何投影是把椭球面上的经纬线网投影到几何面上，然后将几何面展为平面。在地图投影分类时，根据辅助投影面的类型及其与地球椭球的关系又可进一步划分，如图 2－11 所示。

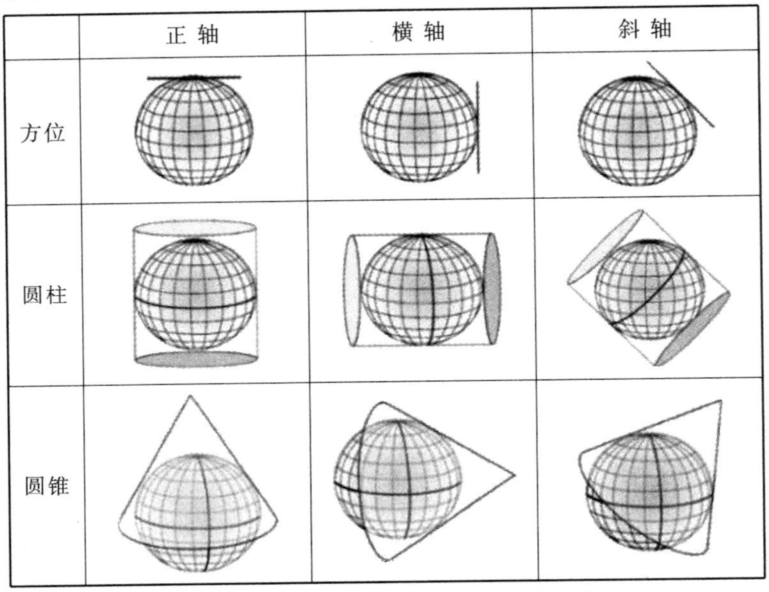

	正 轴	横 轴	斜 轴
方位			
圆柱			
圆锥			

图 2－11　投影面与地球自转轴间的方位关系

1）按辅助投影面的类型划分：①方位投影，即以平面作为投影面；②圆柱投影，即以圆柱面作为投影面；③圆锥投影，即以圆锥面作为投影面。

2)按投影面与地球自转轴间的方位关系划分：①正轴投影，即投影面的中心轴与地轴重合；②横轴投影，即投影面的中心轴与地轴相互垂直；③斜轴投影，即投影面的中心轴与地轴斜交。

3)按投影面与地球的位置关系划分：①割投影，即以平面、圆柱面或圆锥面作为投影面，使投影面与球面相割，将球面上的经纬线投影到平面、圆柱面或圆锥面上，然后将该投影面展为平面；②切投影，即以平面、圆柱面或圆锥面作为投影面，使投影面与球面相切，将球面上的经纬线投影到平面、圆柱面或圆锥面上，然后将该投影面展为平面。

(2)非几何投影。非几何投影是不借助几何面,根据某些条件用数学解析法确定球面与平面之间点与点的函数关系。在这类投影中,一般按经纬线形状分为下述几类:

1)伪方位投影:纬线为同心圆,中央经线为直线,其余经线均为对称于中央经线的曲线,且相交于纬线的共同圆心。

2)伪圆柱投影:纬线为平行直线,中央经线为直线,其余经线均为对称于中央经线的曲线。

3)伪圆锥投影:纬线为同心圆弧,中央经线为直线,其余经线均为对称于中央经线的曲线。

4)多圆锥投影:纬线为同轴圆弧,其圆心均位于中央经线上,中央经线为直线,其余的经线均为对称于中央经线的曲线。

2. 按地图投影的变形性质分类

(1)等角投影:任何点上两条微分线段组成的角度投影前后保持不变,亦即投影前后对应的微分面积保持图形相似,因此也称为正形投影。

(2)等积投影:无论是微分单元还是区域的面积,投影前后都保持相等,亦即其面积比为1,都可称为等积投影。即在投影平面上任意一块面积与椭球面上相应的面积相等,面积变形等于零。

(3)任意投影和等距投影:任意投影,长度、面积和角度都有变形,它既不等角又不等积,可能还存在长度变形。等距投影的面积变形小于等角投影,角度变形小于等积投影。任意投影多用于要求面积变形不大、角度变形也不大的地图,如一般参考用图和教学地图。

圆锥投影、方位投影、圆柱投影均可按其变形性质分为等角投影、等积投影和任意投影。伪圆锥投影和伪圆柱投影中有等积投影和任意投影,而都以等积投影较多。

不同类型地球投影命名规则为:投影面与地球自转轴间的方位关系+投影变形性质+投影面与地球相割(或相切)+投影构成方法,如正轴等角切圆柱投影。也可以用该投影发明者的名字命名,如横轴等角切圆柱投影也称为高斯-克吕格投影。

2.3.3 常用地图投影概述

1. 高斯-克吕格投影

高斯-克吕格投影(Gauss-Kruger projection)是一种横轴切圆柱等角投影,如图 2-12 所示。它是由德国数学家高斯提出,后经德国大地测量学家克吕格加以补充完善,因此称为“高斯-克吕格投影”,简称“高斯投影”。

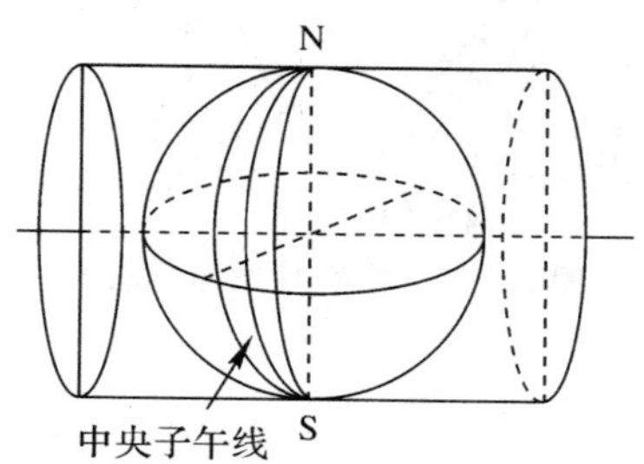

图 2-12 高斯-克吕格投影示意图

我国规定:1:1万、1:2.5 万、1:5万、1:10 万、1:25 万、1:50 万比例尺地形图均采用高斯投影。高斯投影是一种具有国际性的地图投影,适合于幅员广大的国家或地区,它按经线分带进行投影,各坐标系、经纬网形状、投影公式及变形情况都是相同的,也利于全球地图拼接。高斯投影的不足之处在于长度变形较大,导致面积变形也较大。

2. 通用横轴墨卡托投影

通用横轴墨卡托投影(universal transverse Mercator projection,UTM)是一种横割圆柱等角投影(见图 2-13),圆柱面在 84°N 和 84°S 处与地球椭球体相割,它与高斯-克吕格投影十分相似,也采用在地球表面按经度 6°分带的办法。

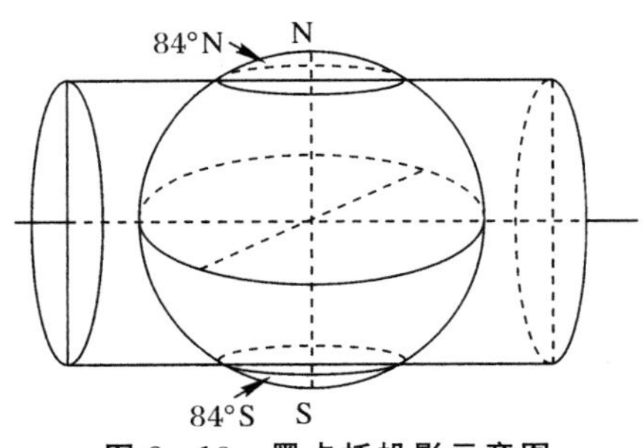

图 2-13 墨卡托投影示意图

美国编制世界各地军用地图和地球资源卫星像片所采用的通用横轴墨卡托投影(UTM)是横轴墨卡托投影的一种变形。UTM 是国际比较通用的地图投影,主要用于全球 84°N~80°S 之间地区的制图。

3. 兰勃特等角投影

兰勃特等角投影在双标准纬线下是一种正轴等角割圆锥投影,由德国数学家兰勃特在 1772 年拟定,适于制作沿纬线分布的中纬度地区中、小比例尺地图,如图 2-14 所示。国际上用此投影编制 1:100 万地形图和航空图。我国在东西向的铁路工程控制测量中往往也会选择兰勃特投影,以避免高斯投影时投影带边缘变形较大带来的影响。

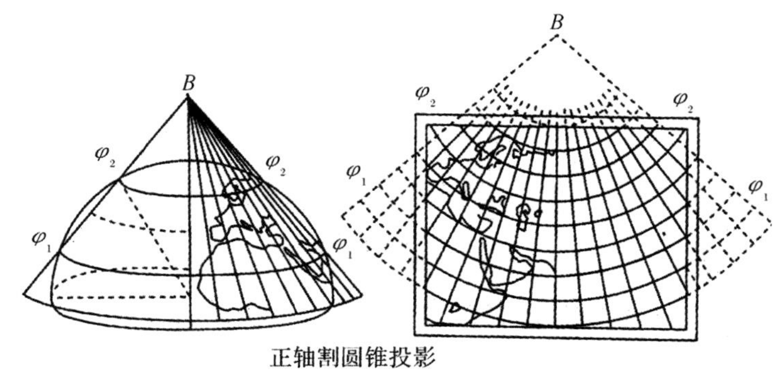

图 2-14 兰勃特投影示意图

2.3.4 地图投影的选择

地图投影选择得是否恰当,直接影响地图的精度和使用价值。这里所讲的地图投影选择，主要指中、小比例尺地图，不包括国家基本比例尺地形图。因为国家基本比例尺地形图的投影、分幅等的技术标准，是由国家测绘主管部门研究制定的，不容许任意改变。另外，编制小区域大比例尺地图，无论采用什么投影，变形都是很小的。

选择制图投影的类型时，主要考虑以下因素：制图区域的范围、形状和地理位置，地图的用途、出版方式及其他特殊要求等。其中制图区域的范围、形状和地理位置是主要因素。

对于世界地图，常用的主要是正圆柱、伪圆柱和多圆锥投影。在世界地图中常用墨卡托投影绘制世界航线图、世界交通图与世界时区图。我国出版的世界地图多采用等差分纬线多圆锥投影，选用这种投影，对于表现中国形状以及与四邻的对比关系较好，但投影的边缘地区变形较大。对于半球地图，东、西半球图常选用横轴方位投影，南、北半球图常选用正轴方位投影，水、陆半球图一般选用斜轴方位投影。对于其他的中、小范围的投影选择，须考虑到它的轮廓形状和地理位置，最好是使等变形线与制图区域的轮廓形状基本一致，以便减少图上变形。因此，圆形地区一般适合采用方位投影，在两极附近则采用正轴方位投影，以赤道为中心的地区采用横轴方位投影，在中纬度地区采用斜轴方位投影。在东西延伸的中纬度地区，一般多采用正轴圆锥投影，如中国与美国。在赤道两侧东西延伸的地区，则宜采用正轴圆柱投影，如印度尼西亚。在南北方向延伸的地区，一般采用横轴圆柱投影和多圆锥投影，如智利与阿根廷。

2.4 空间尺度

空间尺度一般是指开展研究所采用的空间大小的量度。人们在观察、认识自然现象、自然过程以及各种社会经济问题时，往往需要从宏观到微观，从不同高度、视角来观察、认识。尺度不同、角度不同、分辨率不同，很可能得到不同的印象、认识或结果。例如，研究全球变化、气候变迁、海洋水汽作用时要把整个地球作为一个动力系统来考虑，需要宏观尺度；研究土地利用变化、控矿构造矿产探测时则需要较小的尺度范围；研究股市行情、金融态势时一般要将宏观的大尺度与区域的小尺度相结合；等等。如何从不同视角、从宏观或中观或微观的尺度来观察、认识自然现象、自然过程或社会经济事件，获取有关数据、信息，进而分析评价它们，为规划决策、解决问题服务，已成为人们认识自然、认识社会、改造自然，促进社会经济进步、发展的重要论题。

所谓尺度(scale)，在概念上是指研究者选择观察(测)世界的窗口。选择尺度时必须考虑观察现象或研究问题的具体情况。通常很难有一种确定的方法可以简便地选择一种理想的窗口(尺度)，也不太可能以一种窗口(尺度)就能全面而充实地研究复杂的地理空间现象和过程，或者各种社会现象。在不同的学科、不同的研究领域，会涉及不同的形式和类型的尺度问题，还会有不同的表述方式和含义。例如，在测绘学、地图制图学和地理学中通常把尺度表述为比例尺，在数学、机械学、电子学、光学、通信工程等学科中又往往把尺度表述为某种测量工具(measuring tool)或滤波器(filter)，在航空摄影、遥感技术中尺度则往往相应于空间分辨率(spectral resolution)。又例如在进行空间分析时，从获取信息到数据处理、分析往往会涉及四种尺度问题，即观测尺度、比例尺、分辨率、操作尺度，如图2-15所示，并且这些尺度之间是紧密相关的。

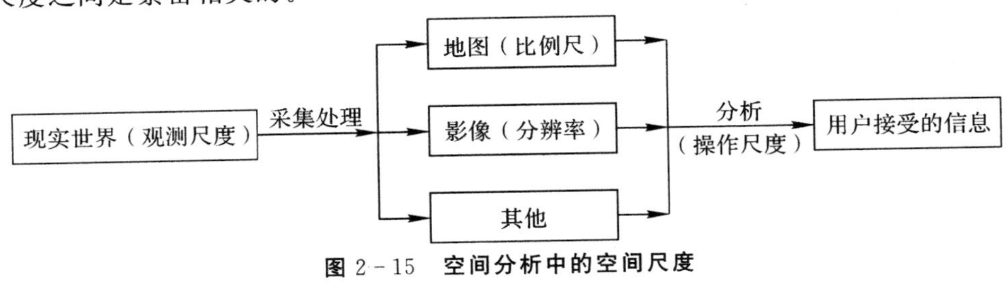

图 2-15 空间分析中的空间尺度

2.4.1 观测尺度

观测尺度是指研究的区域大小或空间范围。认识或观察地理空间事物及其变化时一般需要更大的范围，即大尺度（地理尺度）研究覆盖范围较大的区域，如一个国家、亚太地区，而研究城市分布及其扩展可用中尺度或小尺度。

2.4.2 比例尺

1. 地图比例尺的意义

要把地球表面多维的景物和现象描写在二维有限的平面图纸上，必然会遇到大与小的矛盾。解决矛盾的办法就是按照一定数学法则，运用符号系统，经过制图概括，将有用信息缩小表示。

当制图区域比较小、景物缩小的比率也比较小时，由于采用了各方面比较小的地图投影，因此图面上各处长度缩小的比例都可以看成是相等的。在这种情况下，地图比例尺的含义，具体指的就是图上长度与地面长度之间的比例。

当制图区域相当大，制图时对景物的缩小比率也相当大时，所采用的地图投影比较复杂，地图上的长度变形也因地点和方向不同有所变化。在这种地图上注明的比例尺含义，其实质是在进行地图投影时，对地球半径缩小的比率，通常称之为地图主比例尺。地图经过投影后，体现在地图上只有个别的点或线才没有长度变形。换句话说，只有在这些没有长度变形的点或线上，才可以用地图上注明的主比例尺进行量算。

因此，地图比例尺可分为主比例尺和局部比例尺两种。

1）主比例尺。主比例尺是指在投影面上没有形变的点或线上的比例尺，主要用于分析或确定地面实际缩小的程度。对于制图区域相当大、景物缩小的比率也相当大、所采用的地图投影比较复杂的地图，地图上的长度也因地点和方向不同而有变化的情况。

2）局部比例尺。局部比例尺是指在投影面上有变形处的比例尺，主要用于研究地图投影变形的大小、分布规律和投影性质。

2. 地图比例尺的表示

传统地图上的比例尺通常有以下几种表现形式：数字比例尺、文字比例尺、图解比例尺等。

（1）数字比例尺：以数字分数来表示，如 1∶100 000（或简写作 1∶10 万）。比值的大小可按比例尺的分母确定：分母小则比值大，比例尺就大；分母大则比值小，比例尺就小。

(2)文字比例尺：在地图上用文字表示出 1 cm 代表实地距离多少米，如“图上 1 cm 相当于地面距离 500 m”。

(3)图解比例尺：在地图上画一条线段，并注明图上 1 cm 所代表的实际距离。图解比例尺主要包括直线比例尺、斜分比例尺和复式比例尺。

随着数字地图的出现，地图比例尺出现了一个与传统比例尺系统相对的新概念，即无级比例尺。无级比例尺没有一个具体的表现形式。在数字制图中，由于计算机里存储了物体的实际长度、面积、体积等数据，并且根据需要可以很容易按比例任意缩小或放大这些数据，进而没有必要将地图数据固定在某一种比例尺上，因此称之为无级比例尺。

3. 国家基本比例尺地形图标准

我国国家基本比例尺地形图有 11 种，主要包括 1∶100 万、1∶50 万、1∶25 万、1∶10 万、1∶5万、1∶2.5 万、1∶1万、1∶5 000、1∶2 000、1∶1 000、1∶500。

普通地图按比例尺通常分为大、中、小三种：小于 100 万(小比例尺)，10 万到 100 万(中比例尺)，大于 10 万(大比例尺)。目前我国 1∶100 万、1∶50 万、1∶25 万和 1∶10 万地形图已覆盖全部陆地国土；1∶5万和 1∶1万地形图分别覆盖陆地国土约 85%和约 47%；1∶5 000 和 1∶2 000或更大比例尺地形图基本覆盖了全部城镇地区。

(1)地形图的分幅。地图有两种分幅形式：矩形分幅和经纬线分幅。每幅图的图廓都是一个矩形，因此相邻图幅是以直线划分的。矩形的大小多根据纸张和印刷机的规格而定。

地图的图廓是由经纬线构成的，故各国地形图都采用经纬线分幅。我国的基本比例尺地图是以经纬线分幅制作的。根据国家标准《国家基本比例尺地形图分幅和编号》(GB/T 13989—2012)规定，我国基本比例尺地形图均以 1∶100 万地形图为基础，按规定的经差和纬差划分图幅。其中，1∶100 万地形图的分幅采用国际 1∶100 万地图分幅标准。每幅 1∶100 万地形图的范围是经差 6°、纬差 4°；纬度 60°～76°为经差 12°、纬差 4°；纬度 76°～88°为经差 24°、纬差 4°。我国范围内百万分之一地图都是按经差 6°、纬差 4°分幅的。

每幅 1∶100 万地形图划分为 2 行 2 列，共 4 幅 1∶50 万地形图，每幅 1∶50 万地形图的范围是经差 3°、纬差 2°。各比例尺地形图的经纬差与行列数见表 2-1。

表 2-1　地形图的经纬差与行列数

比例尺	图幅范围		行列数	
	经差	纬差	行数	列数
1∶100 万	6°	4°	1	1
1∶50 万	3°	2°	2	2
1∶25 万	1°30′	1°	4	4
1∶10 万	30′	20′	12	12
1∶5万	15′	10′	24	24
1∶2.5 万	7′30″	5′30″	48	48
1∶1万	3′45″	2′30″	96	96
1∶5 000	1′52.5″	1′15″	192	192

(2)地形图编号。

1)1:100 万地形图的分幅编号。1:100 万地形图分幅和编号是采用国际标准分幅的经差 6°、纬差 4°为一幅图,如图 2-16 所示。从赤道起向北或向南至纬度 88°止,按纬差每 4°划作 22 个横列,依次用 A、B、…、V 表示;从经度 180°起向东按经差每 6°划作一纵行,全球共划分为 60 纵行,依次用 1、2、…、60 表示。每幅图的编号由该图幅所在的"列号-行号"组成。例如,北京某地的经度为 116°26′08″、纬度为 39°55′20″,所在 1:100 万地形图的编号为 J-50。

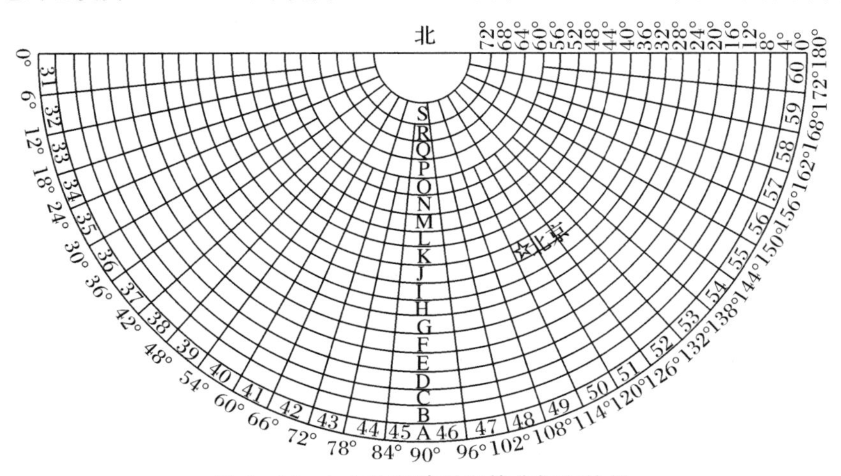

图 2-16　1:100 万地形图的分幅和编号

2)1:50 万、1:25 万、1:10 万比例尺地形图的分幅和编号。这三种比例尺地形图都是在 1:100 万地形图的基础上进行分幅编号的。

• 1:50 万地图。其分幅是按经差 3°、纬差 2°,将一幅 1:100 万的图划分为 4 幅,分别用 A、B、C、D 代号表示。将 1:100 万图幅的编号加上代号,即为该代码图幅的编号。例如,1:50 万图幅的编号为 J-50-A。

• 1:25 万地图。其分幅是按经差 1°30′、纬差 1°,将一幅 1:100 万的图划分为 16 幅 1:25 万的图,分别用[1] [2]…[16]代码表示。将 1:100 万图幅的编号加上代码,即为该代码图幅的编号。例如,1:25 万图幅的编号为 J-50-[1]。

• 1:10 万地图。其分幅是按经差 30′、纬差 20′,将一幅 1:100 万的图划分为 144 幅 1:10 万的图,分别用 1、2、…、144 代码表示。将 1:100 万图幅的编号加上代码,即为该代码图幅的编号。例如,1:10 万图幅的编号为 J-50-1。

3)1:5万、1:2.5 万、1:1万比例尺地形图的分幅和编号(见图 2-17 和图 2-18)。

1:5万和 1:1万地形图编号都是在 1:10 万图幅号后加上自己的代号,即由一幅 1:10 万地形图按经差 15′、纬差 10′分割为 4 幅 1:5万地形图,其代号是在 1:10 万的代号后分别加 A、B、C、D 表示,如 H-48-5-A;由一幅 1:10 万地形图按经差 3′45″、纬差 2′30″直接分割成 8 行、8 列,共分 64 幅 1:1万地形图,其编号是在 1:10 万地形图图幅编号后面用一短横线分别连接(1) (2) (3) … (64),如 H-48-5-(24)。

由一幅 1:5万地形图按经差 7′30″、纬差 5′分割为 4 幅 1:2.5 万地形图，分别用 1、2、3、4 表示，1:2.5 万地形图的编号在 1:5万地形图图幅编号后面用一短横线分别连接 1、2、3、4，如 H－48－5－B－4。1:5万～1:1万地形图的编号均采用从左到右、从上到下的顺序编号。

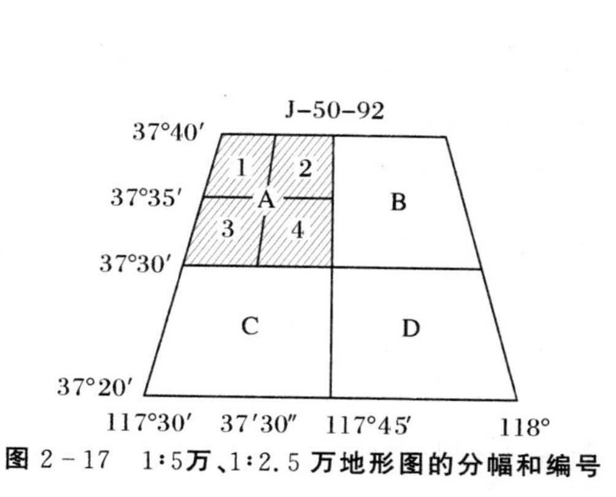

图 2－17　1:5万、1:2.5 万地形图的分幅和编号

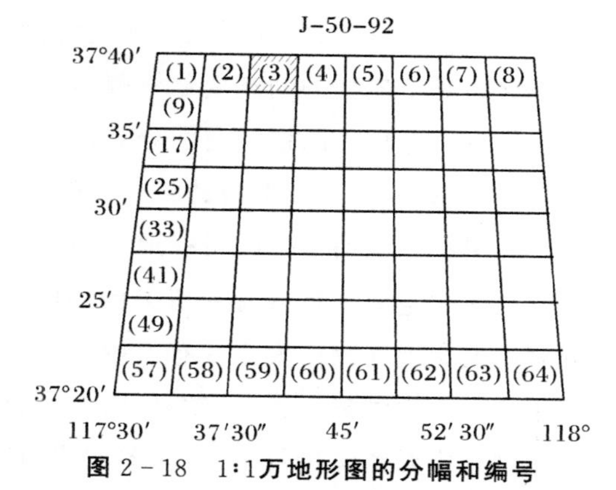

图 2－18　1:1万地形图的分幅和编号

4)大比例尺地形图的分幅和编号。1:5 000 及 1:2 000 比例尺的地形图是在 1:1万地形图的基础上进行分幅编号的。每幅 1:1万地形图是以经差 1′52.5″、纬差 1′15″分成四幅 1:5 000地形图，其编号是在 1:1万地形图的编号后加上小写拉丁字母 a、b、c、d。

各大中比例尺地形图的图号均由五个元素 10 位码构成。从左向右，第一元素 1 位码，为 1:100 万图幅行号字符码；第二元素 2 位码，为 1:100 万图幅列号数字码；第三元素 1 位码，为编号地形图相应比例尺的字符代码，我国基本比例尺代码见表 2－2；第四元素 3 位码，为编号地形图图幅行号数字码；第五元素 3 位码，为编号地形图图幅列号数字码。各元素均连写。

表 2－2　我国基本比例尺代码

比例尺	代 码	比例尺	代 码
1:50 万	B	1:2.5 万	F
1:25 万	C	1:1万	G
1:10 万	D	1:5 000	H
1:5万	E		

1:50 万至 1:5 000 地形图的编号，均以 1:100 万地形图编号为基础，采用行列式编号法，将 1:100 万地形图按所含各种比例尺地形图的经纬差划分成相应的行和列，横行自上而下，纵列从左到右，按顺序均用阿拉伯数字编号，皆用 3 位数字表示，凡不足 3 位数的，则在其前补 0，如 J－50－C－003－003。

2.4.3　分辨率

图像分辨率简单说来是成像细节分辨能力的一种度量，也是图像中目标细微程度的指标，它表示景物信息的详细程度。对“图像细节”的不同诠释会对图像分辨率有不同的理解，对细节不同侧面的应用就可以得到图像不同侧面的度量。对图像光谱细节的分辨能力用光谱分辨率(spectral resolution)表达，高光谱分辨率对于影像地物的分类识别等具有重要意义；把对同一目标的序列图像成像的时间间隔称为时间分辨率(temporal resolution)，高时间分辨率对于地物的动态变化检测等具有重要作用；把图像目标的空间细节在图像中可分辨的最小尺寸称为图像的空间分辨率(spatial resolution)，如 WorldView－2 卫星全色图像空间分辨率是 0.5 m，指的是影像中的一个像素所对应的实际地面大小为 $0.5\times0.5\ m^2$，高空间分辨率图像对于影响目标地物的识别和目视解译等具有重要的作用。

与图像空间分辨率有密切关系的是地面像元分辨率，地面像元分辨率是遥感仪器所能分辨的最小地面物体大小。有人用分辨率单元(resolution cell)，即一个像元对应目标物的大小或最小面积来表达数字图像的空间分辨率。但经离散和量化的数字图像由于在图像离散化过程中对图像进行了采样，原图像的分辨能力不一定被保持，一般只会下降。同时，两个相邻离散像元对应在目标物空间可能不仅没有任何重叠，而且对应的区域可能会是分离的。因此，数字图像的空间分辨率应该通过离散的像元之间所能分辨的目标物细节的最小尺寸或对应目标物空间中两点之间的最小距离表达，如图 2－19 所示。

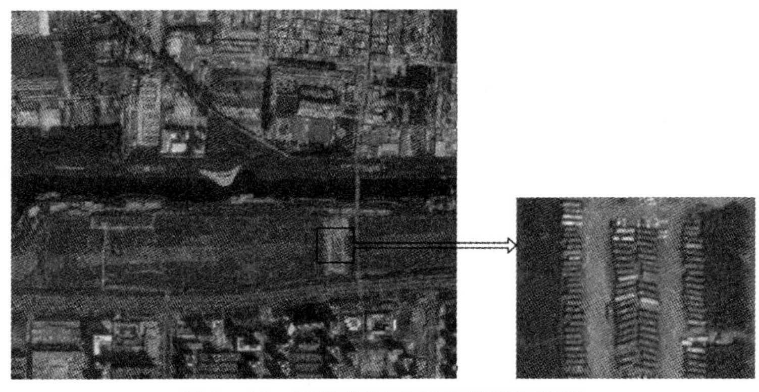

图 2－19　图像分辨率与空间对象细节

2.4.4　操作尺度

操作尺度是指对空间实体、现象的数据进行处理操作时应采用的最佳尺度，不同操作尺度影响处理结果的可靠程度或准确度。比如，基于小尺度的兴趣点数据所得到的三维密度图中，建筑物或兴趣点等的细节比较丰富；当操作尺度逐渐变大，所得到的三维密度图中的细节会逐渐模糊。

1. 地球表面几何模型有几类？分别是什么？试述大地水准面与地球椭球面的区别和联系。

2. 论述地理空间坐标系统的分类。2000 国家大地坐标系属于哪一类？

3. 什么是高程基准？我国主要的高程基准有哪些？

4. 地图投影的实质是什么？由地图投影引起的变形有哪些？

5. 地图投影的分类方法有哪些？按照不同的分类方法，地图投影可以分为哪些？高斯投影属于哪一类？

6. 什么是地图比例尺？传统地图上的比例尺通常有几种表现形式？

第3章 空间数据模型

为了使地理信息系统能够处理现实世界中的问题，我们需要将现实世界中的地理对象和地理现象进行模拟和抽象，其结果就是空间数据模型。空间数据模型是地理信息系统的基础和核心，它贯穿了从地理空间概念模型的形成和建立，到空间数据结构的定义和表达，再到地理信息系统实现和应用的全过程。

3.1 地理空间与空间抽象

地理空间是人类生活的现实世界，从范围上讲是指地球表面及近地表空间，是地球上大气圈、水圈、生物圈、岩石圈和土壤圈交互作用的区域。地理空间有着错综复杂的组成结构，它由不同的空间事物或地理现象构成。空间事物的状态不断发生变化，它们之间又存在着相互作用、相互制约的依存关系，反映出不同的空间现象和问题。

地理信息系统作为一种对现实世界进行描述、表达和分析的计算机系统，首先必须将空间事物或地理现象描述成计算机能理解和操作的形式。由于现实世界的信息量过于庞杂，地理信息系统无法事无巨细地描绘，人们也没有精力去关注到现实中的每一细节，于是人们创造了基于现实的模型去近似表达真实世界的某一特定侧面。

空间抽象就是把现实世界中复杂的空间事物进行简化，通过建立其空间模型，在保证空间事物本质特征的前提下，使得复杂的真实世界能够被计算机描述和处理。空间事物通过空间抽象后得到的模型称为空间对象，它是现实世界和计算机相互关联的桥梁，空间对象的典型特征是与一定的地理空间位置有关，都具有一定的几何形态、分布状况。空间对象具有四个基本特征：空间位置特征、属性特征、时间特征和空间关系特征。

空间位置特征表示空间对象在一定坐标系中的空间位置或几何定位，通常采用地理坐标的经纬度、空间直角坐标、平面直角坐标等来表示。空间位置特征也称为几何特征，包括地理对象的位置、大小、形状和分布状况等。

属性特征也称为非空间特征或专题特征，是与空间对象相联系的、表征空间对象本身性质的数据，如空间对象的类型、语义、定义、量值等。空间对象的属性包括定性属性如名称、类型、特性等，以及定量属性，如数量、等级等。

时间特征指空间对象随着时间变化而变化的特性。特征的变化可能是空间位置和属性同时变化，如旧城区改造中，房屋密集区拆迁新建商业中心；特征的变化也可能是空间位置和属性独立变化，包括对象的空间位置不变但属性发生变化，如土地使用权转让，以及属性不变而空间位置发生变化，如河流的改道。

空间关系特征是指在地理空间中，空间对象一般都不是独立存在的，而是相互之间存在着密切的联系，这种相互联系的特性就是空间关系。在地理信息系统中，空间关系一般包括拓扑关系、顺序关系和度量关系。

3.2 空间抽象的三个层次

前面说过，要想让地理信息系统能够处理现实世界中的地理事物或地理现象，必须通过构建空间抽象来建立空间数据模型。空间数据模型是对现实世界进行认知、简化和抽象表达后的结果，它能够反映现实世界的真实状况，是地理信息系统的基础。

在构建空间数据模型时，首先需要对空间事物或现象进行观察，认知其类型、行为和关系，然后再对其进行分析、判别归类、简化、抽象和综合取舍。根据抽象程度的高低，可以将空间数据模型分为三个层次，分别是概念模型、逻辑模型和物理模型，如图3-1所示。站在用户的角度，三种模型的抽象程度依次递增，在实际建模过程中，我们首先要确定空间事物的概念模型，然后再将其转换为逻辑模型和物理模型。

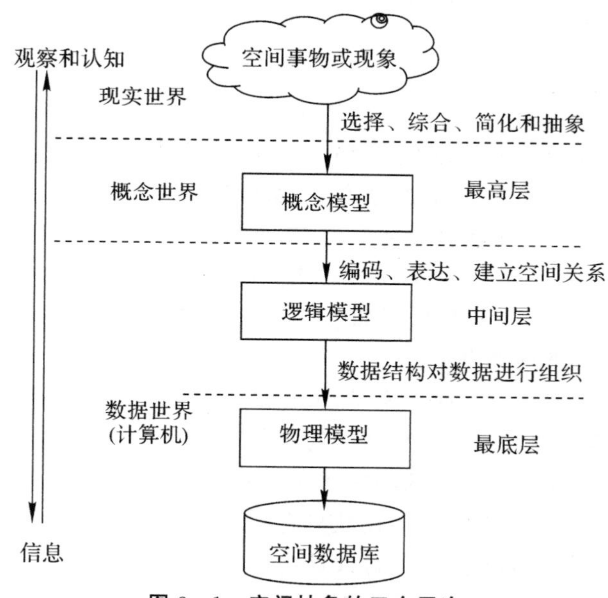

图3-1 空间抽象的三个层次

概念模型(conceptual model)是地理空间中地理事物与现象的抽象概念集，是地理数据的语义解释，从计算机系统的角度来看，它是系统抽象的最高层。概念模型是人们观念中的世界，表现为人对现实世界构成要素的区分，区分的结果是空间对象。空间对象是现实世界中客观存在且不可再分的相同类别的事物，如河流、道路、房屋等。根据空间对象的特征，可以分为离散对象和连续对象。

构造概念模型需要遵循以下原则：一是模型的语义表达能力强，作为用户与GIS软件之间交流的形式化语言，应易于用户理解(如ER模型)；二是模型要独立于具体计算机实现；三是模型要尽量与系统的逻辑模型保持统一的表达形式，不需要任何转换，或者容易向逻辑数据模型转换。

逻辑模型(logical model)是按照计算机能够识别和处理的符号形式对概念模型的记录和表达，它是数字化的现实世界模型。逻辑模型是系统抽象的中间层，是用户通过GIS(计算机系统)看到的现实世界地理空间。

构造逻辑模型的原则：一是要考虑用户易理解；二是要考虑易于物理实现，易于将其转换成物理模型。地理信息系统中通常所称的空间数据模型其实是空间数据的逻辑模型。

物理模型(physical model)是概念数据模型在计算机内部的存储形式和操作机制，即在物理磁盘上如何存放和存取，是系统抽象的最底层。

3.3 空间数据概念模型

地球表面上的各种空间事物和现象错综复杂，用不同的方法或从不同的角度对地理空间进行认知和抽象，可能产生不同的概念模型。许多方法局限于某一范围或反演地理空间的某一侧面，因此，概念模型只能体现地理空间的某一方面。根据地理信息系统的数据组织形式和处理方式，目前地理空间数据的概念模型可以分为三类，即场模型、对象模型和网络模型。

3.3.1 场模型

场模型通常用来表示一定空间内连续分布的地理对象或地理现象，例如，遥感影像的灰度值、海拔高度、大气污染程度、地表的温度、土壤的湿度水平等。根据应用的不同，场可以表现为二维或三维。一个二维场就是在二维空间中任何已知的地点上，都有一个表现这一现象的值，公式表示为 $A=f(x,y)$；而一个三维场就是在三维空间中对于任何位置来说都有一个值 $A=f(x,y,z)$。一些现象，诸如空气污染物在空间中本质上讲是三维的，但是许多情况下可以由一个二维场来表示。

在采用场模型表示地理对象或现象时，由于连续变化的地理现象难以观察，在实际表达中，往往在有限时空范围内获取足够高精度的样点观测值来表征场的变化。

二维空间场一般采用6种具体的场模型来描述，如图3-2所示。

(1)规则分布的点。在平面区域布设数目有限、间隔固定且规则排列的样点，每个点都对应一个属性值，其他位置的属性值通过线性内插方法求得。

(2)不规则分布的点。在平面区域根据需要自由选定样点，每个点都对应一个属性值，其他任意位置的属性值通过克里金内插、距离倒数加权内插等空间内插方法求得。

(3)规则矩形区。将平面区域划分为规则的、间距相等的矩形区域，每个矩形区域称作格网单元(grid cell)。每个格网单元对应一个属性值，而忽略格网单元内部属性的细节变化。

(4)不规则多边形区。将平面区域划分为简单连通的多边形区域，每个多边形区域的边界由一组点所定义；每个多边形区域对应一个属性常量值，而忽略区域内部属性的细节变化。

(5)不规则三角形区。将平面区域划分为简单连通的三角形区域,三角形的顶点由样点定义,且每个顶点对应一个属性值;三角形区域内部任意位置的属性值通过线性内插函数得到。

(6)等值线。用一组等值线 $C_1, C_2, \cdots, C_n$,将平面区域划分成若干个区域。每条等值线对应一个属性值,两条等值线中间区域任意位置的属性是这两条等值线的连续插值。

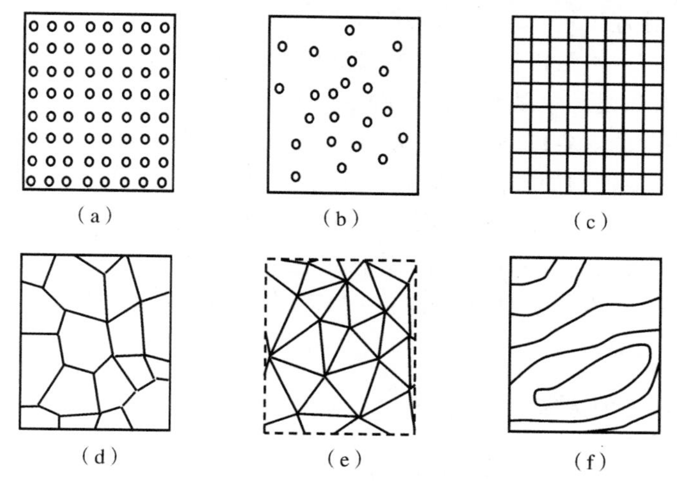

图 3-2　6 种常用的二维空间场模型

(a)规则分布的点;(b)不规则分布的点;(c)规则矩形区;
(d)不规则多边形;(e)不规则三角形区;(f)等值线

3.3.2　对象模型

对象模型也称作要素模型,该模型强调单个的地理对象或地理现象,该对象以独立的方式或者以与其他对象相关联的方式出现在地理空间中。在地理空间中,任何地理事物,如果它可以从概念上与其相邻事物相分离,则无论该地理事物的大小,都可以被确定为一个对象。

对象模型一般适合对具有明确边界的地理现象进行抽象建模,如建筑物、道路、公共设施和管理区域等人文现象以及湖泊、河流、岛屿和森林等自然现象,因为这些现象可被看作是离散的单个地理对象。对象模型按照空间特征分为点、线、面、体四种基本对象,对象也可能由其他对象构成复杂对象,并且与其他分离的对象保持特定的关系,如点、线、面、体之间的拓扑关系。每个对象对应着一组相关的属性以区分各个不同的对象。

对象模型把地理现象当作空间要素(feature)或空间实体(entity)。一个空间要素必须同时符合三个条件:一是可以被识别;二是在实际问题中的重要程度;三是有明确的特征且可以被描述。比如我们要建立某街区的建筑物模型时,可以采用对象模型来表示,该模型中的建筑物首先能够被发现和识别,也就是要出现在该街区中;其次,该建筑物应当具有明确的特征,比如建筑物的位置、几何形状、名称等;当然,即使满足以上两个条件,如果建筑物面积较小,或者属于废弃待拆建筑,也就是说该建筑物的重要程度不够,在建立对象模型时该建筑物也往往被忽略。

3.3.3 网络模型

网络模型与对象模型类似，都用来描述不连续的地理现象，不同之处在于它需要考虑通过网络相互连接的多个地理事物或现象之间的连通情况。

网络模型中的网络是由欧式空间 R^2 中的若干点及它们之间相互连接的线(段)构成的。现实世界许多地理事物和现象可以构成网络，如公路、铁路、通信线路、管道、自然界中的物质流和信息流等。网络模型与对象模型没有本质的区别，它可以看成对象模型的一个特例，它是由点对象和线对象以及它们的拓扑空间关系构成的。

网络模型与一般的对象模型在一些方面有共同点，因为它们处理的都是离散的地理事物，但是与一般的对象模型的不同之处在于，网络模型更加关注网络的连通性及地理事物之间的相互影响和交互。网络模型的典型应用就是交通中的路径规划，这时必须建立正确的道路网络，保证路径之间以及路径和结点之间的连通性和相互关系。

由于网络模型可以看作是对象模型的一个特例，因此，空间数据概念模型也可以归结为对象模型和场模型两类。

3.3.4 概念模型的选择

对于两种概念模型，对象模型的信息描述集中在独立于周围空间的地理事物本身，对地理事物和现象的描述精确度较高，占用存储空间小。场模型对空间任何一个位置一视同仁，不管是空间事物所在的位置还是空白位置均使用相同的方式进行描述，但是现实地理现象的复杂性决定了其几乎不可能找到一组简洁的数学函数来表达；另一方面，位置元素在场中是一个连续无穷集合，数据量极其庞大，计算机离散、有穷的表达能力也不足以直接表达，因此在向逻辑模型的转化中会损失精度。

在实际应用中到底是采用对象模型还是场模型，主要取决于应用中要研究的地理对象。如果我们的应用面向的是现状不定的现象，如火灾、洪水和危险物泄漏，这时候需要采用边界不固定的场模型进行建模；如果我们要处理的是用于具有明确边界和独立特征的地理对象，如行政区域、道路、建筑物等，则需要采用对象模型进行建模。

当然，对于空间数据建模来说，基于场的方法和基于对象的方法并不互相排斥，有些应用需要对两种模型进行集成。例如，如果采集降雨数据的各个点在空间上很分散且分布无规律，加之这些采集点还有各自的特征，那么，一个包含两个属性即位置和平均降雨量的对象也许更适合于区域气候属性变化的描述。基于场的模型和基于对象的模型各有长处，应该恰当地综合运用这两种方法来建模。

3.4 空间数据逻辑模型

空间数据逻辑模型是对概念模型的进一步抽象和细化，针对对象模型和场模型两类概念模型，一般采用矢量数据模型、栅格数据模型、矢量-栅格一体化数据模型、镶嵌数据模型来进行空间实体及其关系的逻辑表达。

3.4.1　矢量数据模型

矢量数据模型适合于用对象模型抽象的地理空间对象，是一种产生于计算机地图制图的数据模型。矢量数据模型能够精确地表示点、线及面实体，并且能方便地进行比例尺变换、投影变换并输出到笔式绘图仪上或视频显示器上。

在矢量数据模型中，空间实体现象是由点、线和面等原型实体及其集合来表示的，每一个实体都给定一个唯一标识符(identifier)来标识该实体。

点实体的空间信息用一对空间坐标表示，二维空间中对应为(x,y)；线实体由一串坐标对组成，二维空间中表示为$(x_1,y_1),(x_2,y_2),\cdots,(x_n,y_n)$；面实体的空间信息由其边界线表示，表示为首尾相连的坐标串，二维空间中对应为$(x_1,y_1),(x_2,y_2),\cdots,(x_n,y_n),(x_1,y_1)$。

在矢量数据模型中空间实体的属性信息连同空间信息被一起组织并存储，根据属性特征的不同，点可用不同的符号来表示，线可用颜色不同、粗细不等、样式不同的线型绘制，多边形则可以填充不同的颜色和图案。在矢量数据模型中观察的尺度或者概括的程度影响着使用原型的种类，在小比例尺图中，城镇这类对象可以用点表示，道路和河流用线表示；在较大比例尺图中，城镇被表示为一定形状的多边形，包括建筑物的边界、公园、道路等实体。

3.4.2　栅格数据模型

栅格数据模型适用于场模型抽象的空间对象，采用连续的栅格单元来直接描述空间实体。栅格单元可以采取不同的形状来表示，最常见的形状是方格，此外三角形和六角形也是栅格单元的常用形状。三角形是最基本的不可再分的单元，根据角度和边长的不同，可以取不同的形状。方格、三角形和六角形可完整地铺满一个平面(见图3-3)。

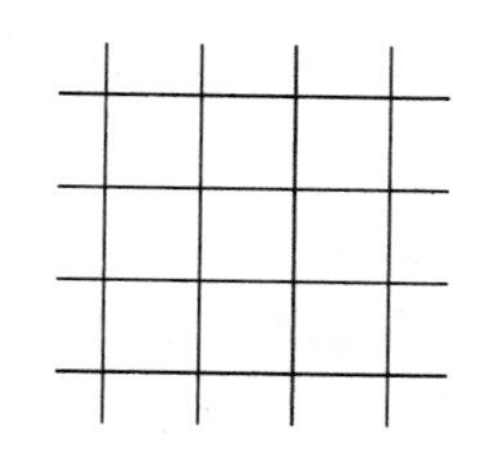
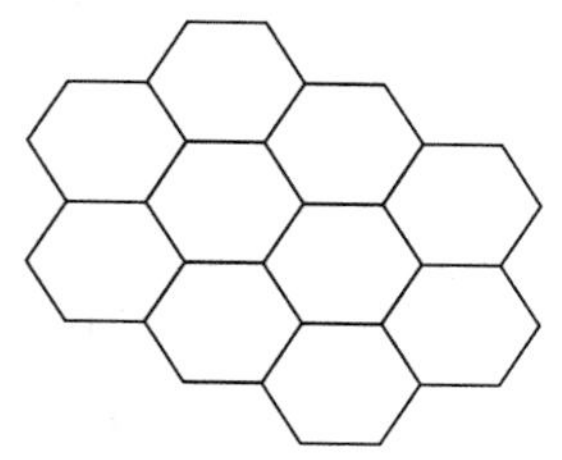

图3-3　三角形、方格和六角形划分

基于方格划分的栅格数据可以用数字矩阵来表示，数字矩阵中的每个元素代表一个栅格单元，称为一个像元，其位置通常用矩阵的行列号(i,j)来表示，其地理空间坐标隐含在矩阵的行列中(见图3-4)。

在栅格数据模型中，点实体是一个栅格单元或像元；线实体由一串彼此相连的像元构成；面实体则由一系列相邻的像元构成，像元的大小是一致的。栅格数据的像元是有大小的，称为像元的空间分辨率，它表示一个像元在地面所代表的实际面积大小。在栅格数据模型中，选择空间分辨率时必须考虑存储空间和处理时间的开销，随着分辨率的提高，对存储空间的要求将呈几何级数增加。这时往往需要使用相应的空间数据结构来组织数据并压缩数据，以节省存储空间。

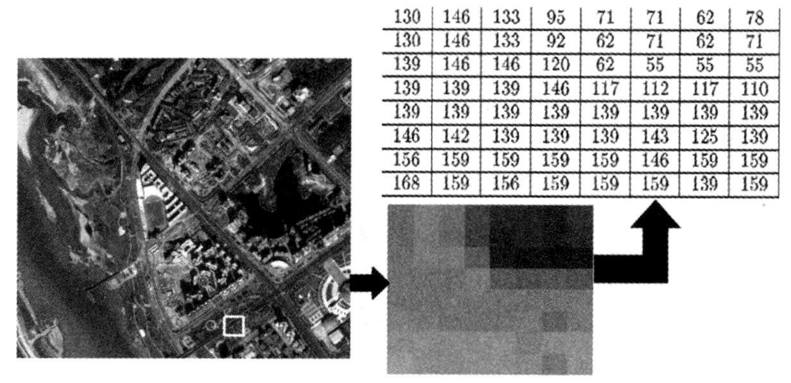

130	146	133	95	71	71	62	78
130	146	133	92	62	71	62	71
139	146	146	120	62	55	55	55
139	139	139	146	117	112	117	110
139	139	139	139	139	139	139	139
146	142	139	139	139	143	125	139
156	159	159	159	159	146	159	159
168	159	156	159	159	159	139	159

图 3-4　栅格数据的数字矩阵表示

3.4.3　矢量-栅格一体化数据模型

矢量、栅格数据各有优缺点，矢量数据模型是面向目标组织数据的，而栅格结构是面向空间分布组织数据的。虽然两者可以通过一定的算法相互转换，但过程比较烦琐，且有一定的误差。因此，充分利用两种数据模型的优点，在同一系统中实现两者的集成，是数据模型研究的重点之一。

矢量-栅格一体化数据模型就是综合利用矢量和栅格模型各自的优点，从而便于空间事物和现象的表达。

矢量-栅格一体化数据模型基于矢量数据模型，无论是点状、线状还是面状要素均采用面向目标的描述方法，同时采用像元对目标进行填充，作为矢量-栅格一体化结构的基础。因此，该模型可以保持矢量的特性，而像元充填表达则建立了目标与位置的联系，使之具有栅格的性质。从原理上说，矢量-栅格一体化数据模型是以矢量的方式来组织栅格数据的一种模型。

在矢量-栅格一体化数据模型中，点状地物只有空间位置而无形状和面积，在计算机内部只有一个位置数据；线状地物只有形状而无面积，在计算机内部需要一组像元填满整个路径；面状地物有形状和面积，在计算机内由一组像元表达的填满路径的边界线和内部的区域组成。

3.4.4　镶嵌数据模型

镶嵌数据模型采用规则或不规则的小面块集合来逼近自然界不规则的地理单元，适合于用场模型抽象的地理事物或现象。该模型通过描述小面块的几何形态、相邻关系及面块内属性特征的变化来建立空间数据的逻辑模型。根据面块的形状，镶嵌数据模型可分为规则镶嵌数据模型和不规则镶嵌数据模型。

规则镶嵌数据模型用规则的小面块集合来逼近自然界不规则的地理单元。二维空间中规则面块可以有多种可能的划分方法，如正方形、正三角形、正六边形等，但在实际应用中，一般采用正方形或矩形进行地理空间的划分，此时的规则镶嵌数据模型就转化为栅格数据模型。

规则镶嵌数据模型的构造方法是用数学手段将一个铺盖网格叠置在所研究的区域上，把连续的地理空间离散为互不覆盖的面块单元(网格)。划分之后，简单化了空间变化的描述，同时也使得空间关系(如毗邻、方向和距离等)明确，可进行快速的布尔集合运算，在这种结构中每个网格的有关信息都是基本的存储单元。

不规则镶嵌数据模型是指用来进行镶嵌的小面块具有不规则的形状或边界。当用有限离散的观测样点来表示某地理现象的空间分布规律时，适合于采用不规则镶嵌数据模型。最典型的不规则镶嵌数据模型有 Voronoi 图和不规则三角网(triangular irregular network，TIN)模型。图 3-5 展示了 Voronoi 图和不规则三角网的示例，其中虚线为 Voronoi 多边形的边界，实线为 TIN 边，黑色圆点代表采样观测点。

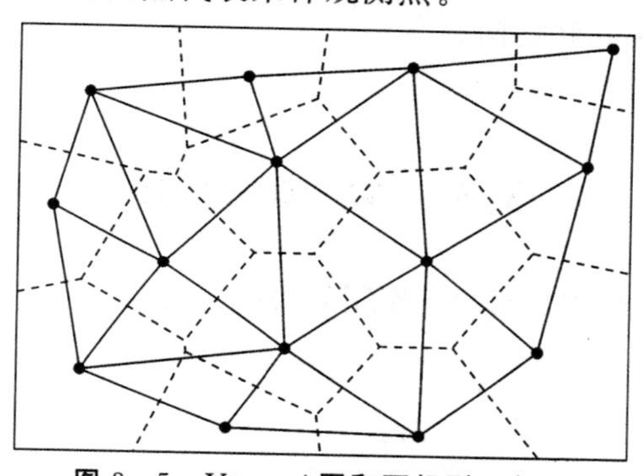

图 3-5　Voronoi 图和不规则三角网

Voronoi 图最早应用在气象学中，荷兰气候学家 A. H. Thiessen 利用它研究降雨量的问题，因此 Voronoi 图又叫 Thiessen 多边形。Voronoi 图可采用公式(3-1)进行表达。

设 $S=\{p_1, p_2, ..., p_n\}$ 为二维欧式空间上的点集，将由

$$V(p_i)=\bigcap_{j\neq i}\{p \mid d(p,p_i)<d(p,p_j)\},\quad i=1,2,\cdots,n \tag{3-1}$$

所给出的对平面的剖分 $V(p_i)$ 称为以 p_i 为采样点的 Voronoi 图，简称 V 图。图中的顶点和边分别称为 Voronoi 点和 Voronoi 边，$V(p_i)$ 称为点 p_i 的 Voronoi 区域(多边形)，其中 $d(p,p_i)$ 为点 p 和点 p_i 之间的欧几里得距离。Voronoi 图将相邻两个采样点相连接，并且做出连接线段的垂直平分线，这些垂直平分线之间的交线就形成一些多边形，这样就把整个平面剖分成一系列多边形，一个多边形只含有一个采样点，多边形内采样点的属性可以代替此多边形的属性，并且多边形内的任何位置总是离该多边形内采样点的距离最近，离相邻多边形内采样点的距离远。Voronoi 多边形可用于许多空间分析问题，如邻接、接近度(proximity)和可达性分析等，以及解决最近点(closestpoint)、最小封闭圆问题。

TIN 采用不规则的三角网形成对地理空间的完整覆盖，三角网中三角形大小随样点密度的变化自动变化，所有样点都称为三角形的顶点，当样点密集时生成的三角形小，而样点较稀时生成的三角形较大。TIN 在表示不连续地理现象时具有优势，如用 TIN 表示地形的变化，将悬崖、断层、海岸线、山谷山脊线等作为约束条件，可构造约束 TIN。

在 TIN 模型中，有一种与 Voronoi 多边形对偶的三角网，称为 Delaunay 三角网。

Delaunay 三角网可以由 Voronoi 多边形来生成，假设两个采样点 p_i、p_j 的 Voronoi 区域有公共边，连接这两个点，以此类推遍历这 n 个采样点，可以得到一个连接点集 S 的唯一确定的网络，称为 Delaunay 三角网。对 Delaunay 三角网的每个三角形计算其外心（各边垂直平分线的交点），将相邻三角形的几何中心两两相连，即可得到 Voronoi 多边形的边。在实际应用中，往往先构造 Voronoi 多边形或 Delaunay 三角网，再构造另一种模型。

Delaunay 三角网具有很多独特的性质，比如三角网的形状是唯一的，生成三角网时与采样点的顺序无关。Delaunay 三角网满足最大外接圆准则的三角网，即任一三角形的外接圆内不包含其他采样点。不规则模型是一种分辨率可变的模型，因为基本多边形的大小和密度在空间上是变动的。不规则格网能进行调整，以反映空间每一个区域中的地理事物或现象的密度。数据越稀，则单元越大；数据越密，则单元越小。单元的大小、形状和走向反映着数据元素本身的大小、形状和走向。

3.5 空间关系

空间关系指地理空间实体之间相互作用的关系。空间关系主要有拓扑关系、顺序关系、度量关系。

3.5.1 拓扑关系

拓扑关系用来描述实体间的相邻、连通、包含和相交等关系。拓扑（topology）一词来自希腊文，意为“形状的研究”，指图形在保持连续状态下的变形（缩放、旋转和拉伸等），但图形关系不变的性质，在拓扑关系中不考虑距离函数。

常见的拓扑关系包括拓扑邻接、拓扑关联和拓扑包含。拓扑邻接是指元素之间的拓扑关系，拓扑关联是指不同类元素之间的拓扑关系，拓扑包含是指同类不同级元素之间的拓扑关系。地图上各种图形的形状、大小会随图形的变形而改变，但是图形要素间的拓扑邻接关系、关联关系、包含关系保持不变。

图 3－6 展示了不同空间实体之间的拓扑关系，其中 N_i 代表点实体，e_i 代表线实体，P_i 代表面实体。图中具有拓扑邻接关系的实体为 N_1 与 N_2、N_3、N_4，P_1 与 P_3，P_2 与 P_3；具有拓扑关联的实体为 N_1 与 e_1、e_3、e_6，P_1 与 e_1、e_5、e_6；具有拓扑包含关系的实体为 P_3 与 P_4。

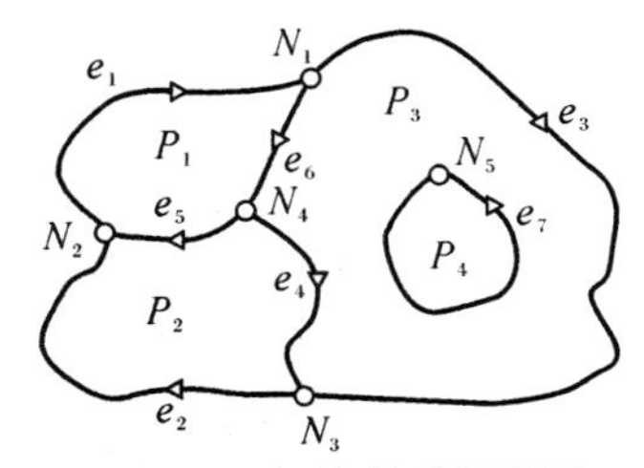

图 3－6　拓扑关系示意图

拓扑邻接、拓扑关联和拓扑包含是常见的简单拓扑关系，更复杂的拓扑关系可以参见表 3－1。

表 3－1　复杂拓扑关系

	邻接	相交	相离	包含	重合
点-点					
点-线			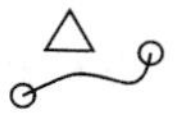		
点-面	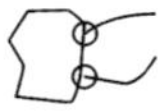	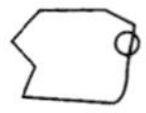			
线-线		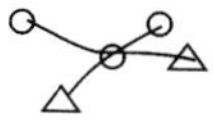			
线-面	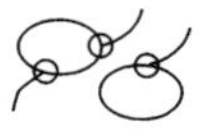	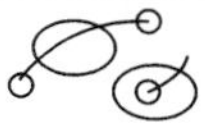	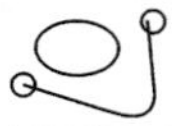	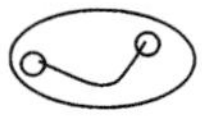	
面-面	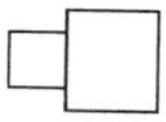	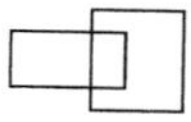	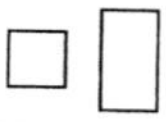	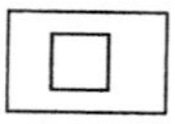	

空间数据的拓扑关系具有广泛的应用价值，拓扑关系能清楚地反映实体之间的逻辑结构关系，它比几何坐标关系有更大的稳定性，不随投影变换而变化，利用拓扑关系可进行空间要素的查询，如某条铁路通过哪些地区，某县与哪些县邻接，还可分析某河流能为哪些地区的居民提供水源，某湖泊周围有哪些土地类型，以及对生物、栖息环境作出评价等。利用拓扑关系还可以重建地理实体，如根据弧段构建多边形等。拓扑关系还有助于空间分析中道路的选取，进行最佳路径的选择等。

3.5.2　顺序关系

顺序关系用于描述实体在地理空间上的排列顺序，如实体之间前后、上下、左右和东、南、西、北等方位关系。顺序关系必须是在对空间实体间方位进行计算后才能得出相应的方位描述，而这种计算非常复杂，实体间的顺序关系的构建目前尚没有很好的解决方法。而且顺序关系也会随着空间数据的投影、几何变换而发生变化，所以在现在的 GIS 中，并不对顺序关系进行描述和表达。

3.5.3　度量关系

度量关系主要是用于描述空间实体之间的距离远近等关系。空间实体之间的距离可以用欧几里得距离（也称欧氏距离）、曼哈顿距离和时间距离来进行表达。

1. 欧几里得距离

在相对较小的地理空间中，采用笛卡儿坐标系，定义地理空间中所有点的集合，组成笛卡儿平面，记为 R^2。在 R^2 中，任意两点 (x_i, y_i) 和 (x_j, y_j) 间的欧几里得距离 $d(i,j)$ 如下：

$$d(i,j)=\sqrt{(x_i-x_j)^2+(y_i-y_j)^2} \tag{3-2}$$

地理空间中所有点间的欧几里得距离函数组成度量空间 s。度量空间具有如下特点：

(1) 如 i 和 j 代表不同的点，则 $d(i,j)\geqslant 0$ 的条件在欧几里得空间中总得到满足。

(2)对称性，即 $d(i, j)=d(j, i)$。

(3)三角不等性，即给定 s 中的任意 3 个距离 m、n、l，则存在如下关系式：$m+n\geqslant l$。

2. 曼哈顿距离

曼哈顿距离是指两点在南北方向上的距离加上在东西方向上的距离，即

$$d(i,j)=|x_i-x_j|+|y_i-y_j| \tag{3-3}$$

曼哈顿距离又称为出租车距离，曼哈顿距离的度量性质与欧氏距离的性质相同，保持对称性和三角不等式成立。曼哈顿距离只适用于讨论具有规则布局的城市街道的相关问题。

3. 时间距离

时间距离(旅行时间距离)是根据从空间中一点到达另一点所需时间进行度量的。时间距离不具有前述欧几里得距离和曼哈顿距离的度量空间性质，即其对称性、三角不等式不一定成立。

1. 根据抽象程度的高低可以将空间模型分为三个层次，它们分别是什么？
2. 空间数据的概念模型主要有哪些？请简述这些模型的主要适用情况。
3. 假设要分析某城市各行政区的房价信息，在进行建模时应当采用哪种概念模型？
4. 空间数据的逻辑模型主要有哪些？各有什么特征？
5. 什么是空间数据的拓扑关系？它有什么样的实际作用？

第 4 章　空间数据结构

空间数据结构是指对空间数据逻辑模型描述的数据组织关系和编排方式的具体实现，是空间数据逻辑模型映射为物理模型的中间媒介。它对地理信息系统中数据存储、查询、检索和应用分析等操作处理的效率有着至关重要的影响。我们只有充分理解地理信息系统所采用的空间数据结构，才能正确有效地使用系统。地理信息系统中主要包括两种基本的空间数据结构，即矢量数据结构和栅格数据结构，这两种数据结构分别对应空间数据逻辑模型中的矢量数据模型和栅格数据模型。

4.1　矢量数据结构

矢量数据结构是指通过记录实体坐标及其关系的方式来表示点、线、面等空间实体的数据组织方式。矢量数据结构主要描述实体的属性信息、位置信息和空间关系。在矢量数据结构中，其坐标空间为连续空间，允许任意位置、长度和面积的精确定义。通过这种数据组织方式，可以得到精美的地图；该结构可以对复杂数据以最小的数据冗余进行存储。相对于栅格数据结构，矢量数据结构局域数据精度高，存储空间小，它是一种高效的图形数据结构。矢量数据结构按其是否明确表示地理实体间的空间关系，分为实体数据结构和拓扑数据结构两大类。

4.1.1　实体数据结构

实体数据结构也称 Spaghetti 数据结构，是指构成多边形边界的各个线段，以多边形为单元进行组织。按照这种数据结构，边界坐标数据和多边形单元实体一一对应，各个多边形边界点都单独编码并记录坐标，在这种结构中原始多边形可以采用两种方式进行组织，我们以图 4－1 为例进行说明，在该图中有四个多边形，分别为 A、B、C、D。

第一种组织方式如表 4－1所示，该方式直接通过一张表记录多边形的 ID、坐标点以及多边形类别代码。第二种方式通过两张表来进行数据的组织，一张表是点坐标文件，如表 4－2所示，用来存储每个点的坐标和点的 ID 号；另外一张表如表 4－3 所示，该表与表 4－1

类似，不过坐标点用表 4－2 中的点 ID 来表示。

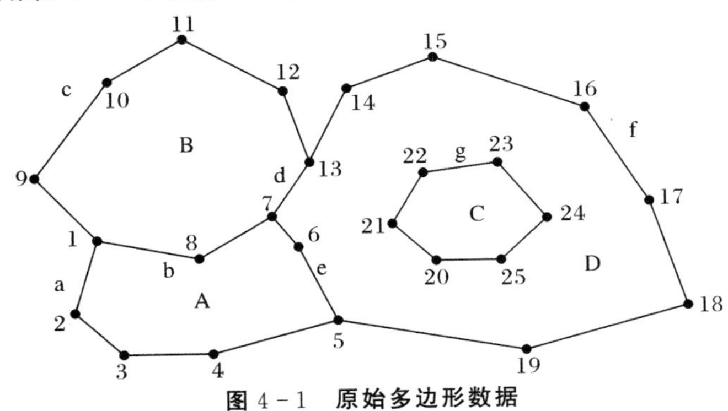

图 4－1　原始多边形数据

表 4－1　多边形数据文件

多边形 ID	坐 标	类别码
A	(x_1,y_1)，(x_2,y_2)，(x_3,y_3)，(x_4,y_4)，(x_5,y_5)，(x_6,y_6)，(x_7,y_7)，(x_8,y_8)，(x_1,y_1)	A102
B	(x_1,y_1)，(x_8,y_8)，(x_7,y_7)，(x_{13},y_{13})，(x_{12},y_{12})，(x_{11},y_{11})，(x_{10},y_{10})，(x_9,y_9)，(x_1,y_1)	B203
C	(x_{20},y_{20})，(x_{25},y_{25})，(x_{24},y_{24})，(x_{23},y_{23})，(x_{22},y_{22})，(x_{21},y_{21})，(x_{20},y_{20})	A178
D	(x_5,y_5)，(x_{19},y_{19})，(x_{18},y_8)，(x_{17},y_{17})，(x_{16},y_{16})，(x_{15},y_{15})，(x_{14},y_{14})，(x_7,y_7)，(x_6,y_6)，(x_5,y_5)	C523

表 4－2　点坐标文件

点 号	坐 标	点 号	坐 标
1	(x_1,y_1)	4	(x_4,y_4)
2	(x_2,y_2)	…	…
3	(x_3,y_3)	25	(x_{25},y_{25})

表 4－3　多边形文件

多边形 ID	坐 标	类别码
A	1,2,3,4,5,6,7,8,1	A102
B	1,8,7,13,12,11,10,9,1	B203
C	20,25,24,23,22,21,20	A178
D	5,19,18,17,16,15,14,7,6,5	C523

实体数据结构的优点是数据结构简单、直观，便于用户接受，采用该数据结构建立的系统维护和更新方便。但是这种结构的缺点也比较明显，主要表现为：

(1)相邻多边形的公共边界要数字化两遍，造成数据冗余存储，可能导致输出的公共边界出现间隙或重叠；

(2)缺少多边形的邻域信息和图形的拓扑关系;

(3)岛只作为一个单个图形,没有建立与外界多边形的联系。

因此,实体数据结构只适用于简单的系统,如计算机地图制图系统。

4.1.2 拓扑数据结构

具有拓扑关系的矢量数据结构就是拓扑数据结构。拓扑数据结构是 GIS 分析和应用功能所必需的。拓扑数据结构没有固定的格式,还没有形成标准,但基本原理是相同的。它们的共同特点是:点是相互独立的,点连成线,线构成面。每条线始于起始结点,止于终止结点,并与左右多边形相邻接。

拓扑数据结构最重要的特征是具有拓扑编辑功能。这种拓扑编辑功能,不但保证数字化原始数据的自动差错编辑,而且可以自动形成封闭的多边形边界,为由各个单独存储的弧段组成所需要的各类多边形及建立空间数据库奠定基础。

拓扑数据结构包括索引式结构、双重独立编码结构、链状双重独立编码结构等。

1. 索引式结构

索引式结构采用树状索引以减少数据冗余并间接增加邻域信息。具体方法是,对所有边界点进行数字化,将坐标对以顺序方式存储,由点索引与边界线号相联系,以线索引与各多边形相联系,形成树状索引结构。图 4-2 和图 4-3 分别为图 4-1 中的多边形与线、线与点的树状索引图。索引式数据结构需要 3 个文件进行维护,第一个文件为点坐标文件,如表 4-4 所示,用来记录每个顶点的坐标;第二个文件称为边文件,用来记录边界弧段由哪些点组成,如表 4-5 所示;第三个文件为多边形文件,用来记录每个顶点的坐标,如表 4-6 所示。

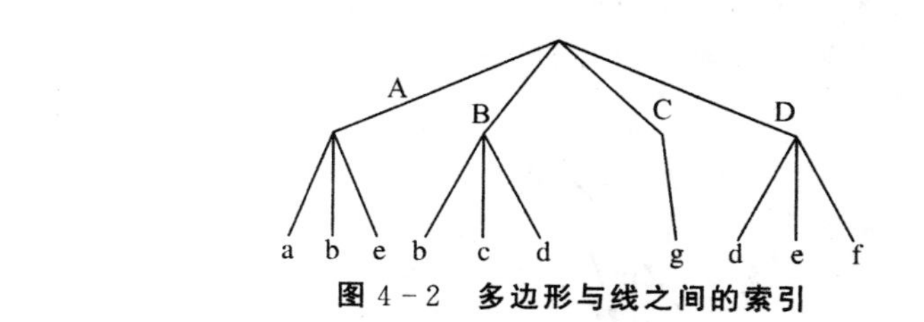

图 4-2 多边形与线之间的索引

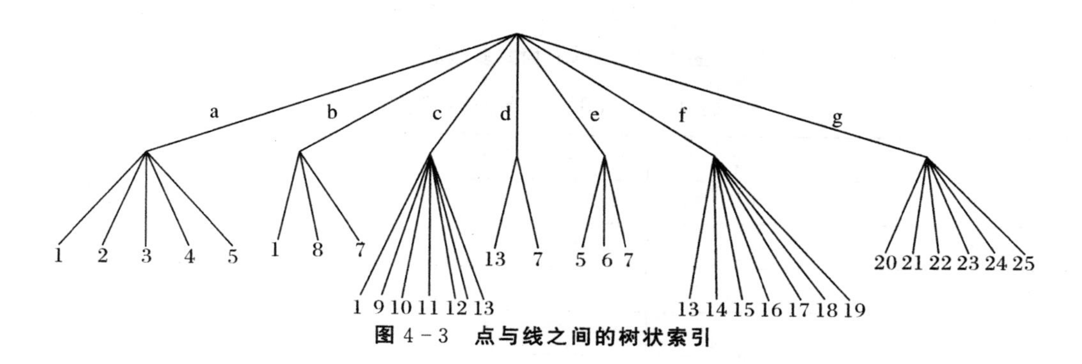

图 4-3 点与线之间的树状索引

表 4-4　点坐标文件

点 ID	坐 标
1	(x_1, y_1)
…	…

表 4-5　边文件

边 ID	组成边的点 ID
a	1,2,3,4,5
…	…

表 4-6　多边形文件

多边形 ID	组成多边形的边 ID
A	a,b,c
…	…

树状索引结构消除了相邻多边形边界的数据冗余和不一致的问题，在简化过于复杂的边界线或合并多边形时可不必改造索引表，邻域信息和岛状信息可以通过对多边形文件的线索引处理得到（如多边形 A、B 之间通过公共边 b 相邻接），但是比较烦琐，因而给邻域函数运算、消除无用边、处理岛状信息以及检查拓扑关系等带来一定的困难，而且两个编码表都要以人工方式建立，工作量大且容易出错。

2. 双重独立编码结构

这种数据结构最早是由美国人口统计系统采用的一种编码方式，简称 DIME（dual independent map encoding）编码系统，它以城市街道为编码主体，特点是采用了拓扑编码结构，这种结构最适合于城市信息系统。双重独立编码结构是对图上网状或面状要素的任何一条线段，用顺序的两点定义以及相邻多边形来予以定义。例如，对图 4-4 所示的多边形数据，利用双重独立编码可得到以线段为中心的拓扑关系表，如表 4-7 所示。

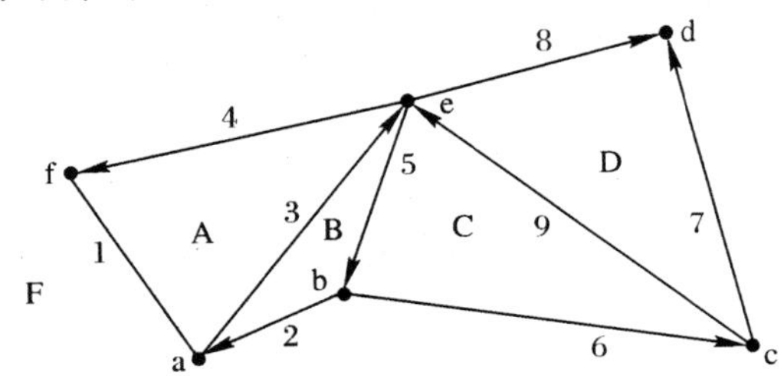

图 4-4　DIME 原始多边形数据

表 4-7　DIME 拓扑结构文件

线段号	始结点	终结点	左多边形	右多边形
1	a	f	F	A
2	b	a	F	B
3	a	e	A	B
4	e	f	A	F

续 表

线段号	始结点	终结点	左多边形	右多边形
5	e	b	C	B
6	b	c	C	F
7	c	d	D	F
8	e	d	F	D
9	c	e	C	D

DIME 结构包含两个文件，分别为结点文件和拓扑结构文件。其中，结点文件的结构同表 4－4，其用于记录结点标识符和结点几何坐标；拓扑结构文件如表 4－7 所示，其用来描述结点、线段、多边形间的拓扑关系。在 DIME 结构中，线段通常认为是直线型的，只包含起始两个端点，复杂的曲线由一系列逼近曲线的直线段来表示。构成拓扑结构文件的基本元素是线段，线段始结点和终结点标识符、线段两侧的多边形代码即左多边形号和右多边形号。

通过 DIME 结构我们可以直接查询点与线、线与面的拓扑关联关系，如果要查询面与面的拓扑邻接关系也比较方便。比如我们要查询与多边形 A 相邻的多边形，可以在拓扑文件中查询字段“左多边形”的值为 A 的右多边形，再加上字段“右多边形”的值为 A 的左多边形，通过查询，我们可以得到 A 的相邻多边形为 F 和 B。

由于在 DIME 结构中，线段是直线型的，只包含首尾两个端点，当图形中线段数量比较多时，拓扑结构文件记录量比较大，降低了查询效率，同时这种结构在查询多边形的包含关系时也并不方便。为了克服以上不足，我们可以采用另外一种拓扑编码方式，即链状双重独立编码。

3. 链状双重独立编码结构

链状双重独立编码可以看作是 DIME 结构的一种改进。链状双重独立编码结构由 4 个文件构成，分别为结点文件、弧段点文件、弧段文件和多边形文件。对于图 4－3 的多边形数据，其链状双重独立编码所对应的 4 个文件分别见表 4－8～表 4－11。

表 4－8　链状双重独立编码结点文件

点 号	坐 标	点 号	坐 标
1	(x_1, y_1)	…	…
2	(x_2, y_2)	25	(x_{25}, y_{25})

表 4－9　链状双重独立编码弧段点文件

弧段 ID	点 号	弧段 ID	点 号
a	5,4,3,2,1	e	7,6,5
b	7,8,1	f	13,14,15,16,17,18,19,5
c	1,9,10,11,12,13	g	25,20,21,22,23,24,25
d	13,7		

表 4-10　链状双重独立编码弧段文件

弧段 ID	起始点	终结点	左多边形	右多边形
a	5	1	Q	A
b	7	1	A	B
c	1	13	Q	B
d	13	7	D	B
e	7	5	D	A
f	13	5	Q	D
g	25	25	D	C

表 4-11　链状双重独立编码多边形文件

多边形 ID	弧段号	周长	面积	中心点坐标
A	a,b,e	…	…	…
B	c,d,b	…	…	…
C	g	…	…	…
D	f,e,d,-g	…	…	…

其中,结点文件由结点记录组成,存储每个结点的结点号及结点坐标。弧段点文件包括弧段记录以及构成弧段的结点号。弧段文件主要由弧段记录组成,存储弧段的起止结点号和弧段左、右多边形号。多边形文件主要由多边形记录组成,包括多边形号、组成多边形的弧段号以及周长、面积、中心点坐标和有关"洞"的信息等;当多边形中含有"洞"时,则此"洞"的面积为负,并在总面积中减去,其组成的弧段号前也冠以负号。

在链状双重独立编码中,线状对象由直线段变为包含多个结点的弧段,通过这种结构我们能够查询的拓扑关系更加丰富,可以直接查询节点与弧段的关联关系、弧段与多边形的关联关系、多边形与多边形的邻接关系、多边形与多边形的包含关系等。此外,在这种结构中,通过多边形文件我们还可以直接得到多边形的几何信息,如周长、面积、中心点的坐标等。可以说链状双重独立编码是一种设计非常巧妙的拓扑数据结构,ArcGIS 早期产品中的 Coverage 数据模型就采用这种数据结构。

4.1.3　拓扑型与非拓扑型数据结构的比较

拓扑型数据结构由于存储了矢量数据的拓扑关系,可以服务于更加高级的地理分析和应用,相对于非拓扑型数据结构,它具有以下优点:

(1)描述点、线、面的空间关系不完全依赖于具体的坐标位置。

(2)便于作多边形与多边形的叠合分析。

(3)结点与弧段拓扑关系的建立,有利于道路交通、市政管线、通信线路、军事等的网络分析。

(4)以线段或弧段为单元进行存储的结构几乎把数据量压缩了一半。

(5)便于检查数据输入过程中的错误,而且拓扑结构可以方便处理多边形的嵌套及多边形的合并等问题。

当然，相对于非拓扑型数据结构，拓扑型结构也存在数据结构复杂、拓扑关系的建立和维护复杂等缺点。在实际应用中权衡是否采用拓扑结构时，主要看所需要的空间查询和分析是否复杂，当面和边界线之间的相互关系查询，面和面的相邻查询，面和面、线和面的叠合分析对用户比较重要时，应采用拓扑结构，反之可采用非拓扑的简单结构。从目前的趋势看，以分析功能为主的矢量型地理信息系统软件产品，越来越多地采用拓扑型数据结构。

4.2　栅格数据结构

栅格数据结构是以规则的阵列来表示空间地物或现象分布的数据组织方式。在阵列中每个栅格单元上的数值表示空间对象的属性特征，属性值可以是空间对象的灰度、类型、等级等特征，每个栅格单元只能存在一个值。阵列中每个单元的行列号确定空间对象的位置，起始行列号通常位于阵列的左上角。在地理信息系统中常见的栅格结构的数据源主要包括遥感图像、数字高程模型数据等。

在栅格数据结构中，点状地物用一个栅格单元表示；线状地物用沿线走向的、具有相同属性值的一组相邻栅格单元表示，每个栅格单元最多只有两个相邻单元在线上；面或区域用具有区域属性的相邻栅格单元的集合表示，每个栅格单元可有多于两个的相邻单元同属一个区域。图 4－5 所示的栅格数据中，属性值为 0 的栅格单元表示背景；(a)中的点状地物其属性值为 2；(b)中用属性值为 6 的栅格单元表示线状地物；(c)中分别用属性值为 4、7、8 的栅格单元表示面状地物。

(a)	(b)	(c)
0 0 0 0 0 0 0 0	0 0 0 0 0 0 0 0	0 4 4 7 7 7 7 7
0 0 0 0 0 0 0 0	0 0 0 6 0 0 0 0	4 4 4 4 4 7 7 7
0 0 0 0 2 0 0 0	0 6 6 0 6 0 0 0	4 4 4 4 8 8 7 7
0 0 0 0 0 0 0 0	0 0 0 0 0 6 0 0	0 0 4 8 8 8 7 7
0 0 0 0 0 0 0 0	0 0 0 0 0 6 0 0	0 0 8 8 8 8 7 8
0 0 0 0 0 0 0 0	0 0 0 0 0 6 0 0	0 0 0 8 8 8 8 8
0 0 0 0 0 0 0 0	0 0 0 0 0 0 6 0	0 0 0 0 8 8 8 8
0 0 0 0 0 0 0 0	0 0 0 0 0 0 0 0	0 0 0 0 0 8 8 8

图 4－5　点、线、区域的栅格数据

(a)点；(b)线；(c)面

栅格数据结构的显著特点是属性明显、定位隐含，即数据直接记录栅格单元的属性本身，而其地理位置则需通过行列号转换来得到。在栅格数据中，行号和列号通常从 0 开始起算，行列号为(0,0)的单元格一般位于栅格数据的左上角。如果我们已知栅格数据的空间分辨率和某栅格单元的地理坐标，则可以求任意栅格单元的地理坐标。

下面我们看一下栅格单元地理坐标的计算，如图 4－6 所示。图 4－6(a)表示栅格数据，假设其空间分辨率为 10 m。栅格数据中行列号为(0,0)和(4,3)的栅格单元(点状地物)分别记为 A 和 B。图 4－6(b)表示 A 和 B 在地理坐标系中的空间分布，已知 A 的地理坐标为(X_A, Y_A)，则栅格单元 B 的地理坐标计算为：$X_B = X_A - 4 \times 10$，$Y_B = Y_A + 3 \times 10$。

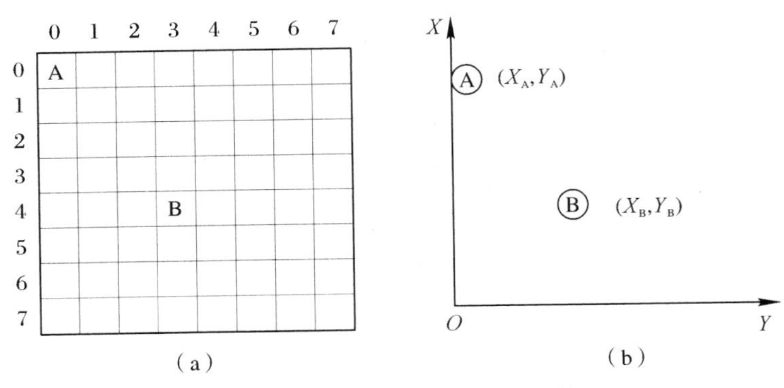

图 4-6 栅格单元地理坐标计算

(a)栅格数据；(b)地物空间分布

由于栅格行列阵列容易为计算机存储、操作和显示，因此这种结构容易实现，算法简单，且易于扩充、修改，也很直观，特别是易于同遥感影像的结合处理，给地理空间数据处理带来了极大的方便。

1. 直接栅格编码

直接栅格编码是栅格数据最常见的一种编码方法，栅格数据不论采用何种压缩编码方法，其逻辑原型都是直接编码网格文件。直接栅格编码就是将栅格数据看作一个数据矩阵，逐行(或逐列)逐个记录代码，可以每行都从左到右逐个象元记录，也可以奇数行从左到右而偶数行从右向左记录，为了特定目的还可采用其他特殊的顺序(见图 4-7)。直接栅格编码的特点是简单、直观，但由于没有对栅格数据进行压缩，导致数据量比较大，为此我们可以采用栅格数据的压缩编码。

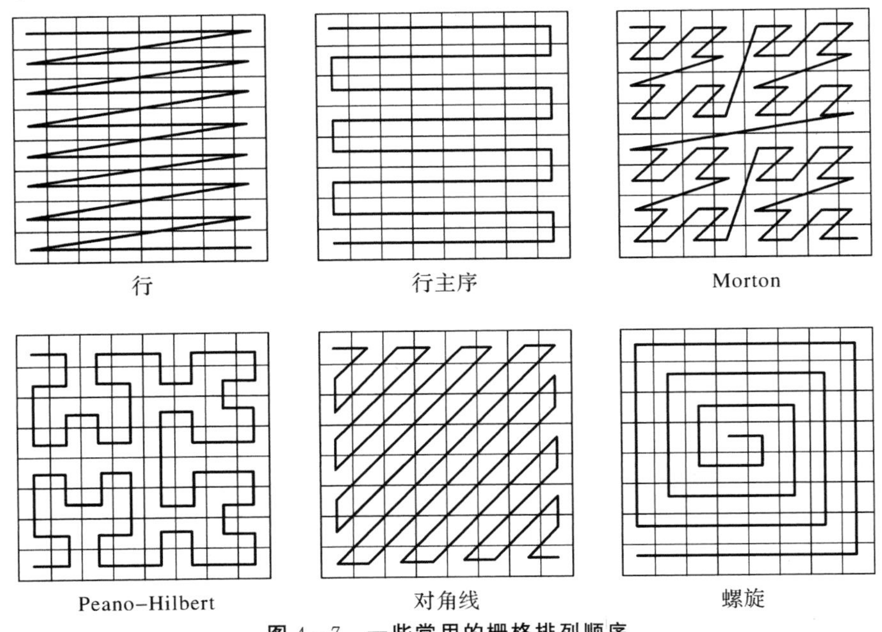

图 4-7 一些常用的栅格排列顺序

2. 栅格数据压缩编码方法

目前有一系列栅格数据压缩编码方法，如链码、游程长度编码、块码和四叉树编码等。其目的就是用尽可能少的数据量记录尽可能多的信息，其类型又有信息无损编码和信息有损编码之分。信息无损编码是指编码过程中没有任何信息损失，通过解码操作可以完全恢复原来的信息，信息有损编码是指为了提高编码效率，最大限度地压缩数据，在压缩过程中损失一部分相对不太重要的信息，解码时这部分难以恢复。在地理信息系统中多采用信息无损编码，而对原始遥感影像进行压缩编码时，有时也采取有损压缩编码方法。

(1)链码(chain codes)。链码又称为弗里曼链码或边界链码，由起始点位置和后续点相对其前继点的基本方向来表示，基本方向共有 8 个，自 0°开始按逆时针方向，每隔 45°进行选取，代码分别为 0、1、2、3、4、5、6、7，如图 4 - 8 所示。

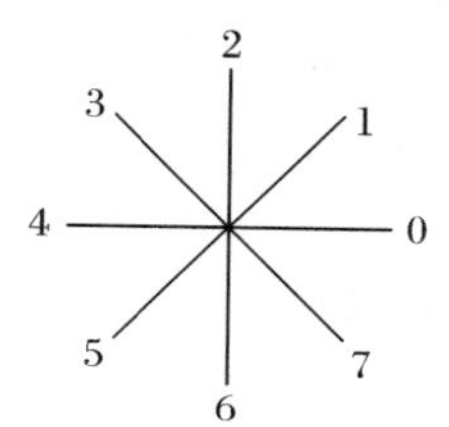

图 4 - 8　链码基本方向示意图

下面我们看一个采用链码对栅格数据进行编码的示例。如图 4 - 9 所示的栅格数据中一共有两种空间地物，分别为黑色线状地物和白色背景地物，这时我们可以采用链码对线状地物进行编码，首先记录该地物起始点的行列号(1,1)，第二个点在起始点的正下方，因此其方向代码为 6，第三个点在第二个点的右下方，其方向代码为 7，后面依次类推，最终的编码结果为(2,2)，6，7，6，0，6，5。

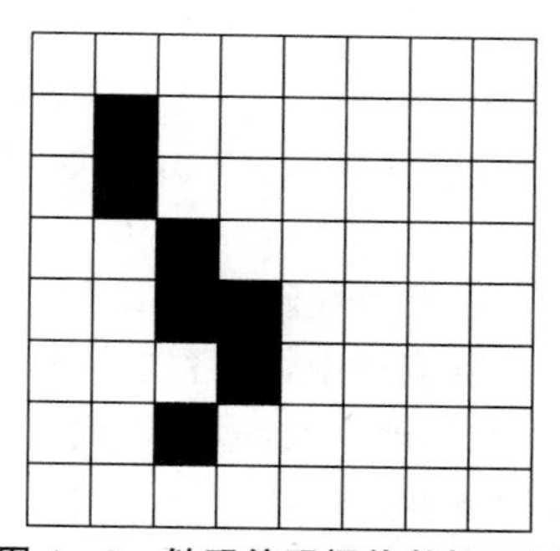

图 4 - 9　链码编码栅格数据示例

由于链码只采用 1 位数字的方向代码代替行列号来对典型地物进行编码，且无需对背景地物进行单独编码，因此采用链码可以对栅格数据进行有效的压缩，而且对于估算面积、长度、转折方向的凹凸度等运算十分方便，比较适合于存储图形数据。

链码的缺点是对栅格数据的地理对象分布要求比较高，要求数据中的地理对象具有比较清晰的边界。链码对边界进行合并和插入等修改编辑工作比较困难，对局部的修改将改变整体结构，效率较低，而且由于链码以每个区域为单位存储边界，相邻区域的边界将被重复存储而产生冗余。

(2)游程长度编码(run-length codes)。游程长度编码是栅格数据压缩的重要编码方法,它的基本思路是对于一幅栅格图像,常常有行(或列)方向上相邻的若干点具有相同的属性代码,因而可采取某种方法压缩那些重复的记录内容。其方法有两种方案:一种编码方案是,只在各行(或列)数据的代码发生变化时依次记录该代码以及相同的代码重复的个数,从而实现数据的压缩。例如对图 4-5(c)所示栅格数据,可沿行方向进行如下游程长度编码:

(0,1),(4,2),(7,5);(4,5),(7,3);(4,4),(8,2),(7,2);(0,2),(4,1),(8,3),(7,2);(0,2),(8,4),(7,1),(8,1);(0,3),(8,5);(0,4),(8,4);(0,5),(8,3)

该编码只用了 44 个整数就可以表示,而在前述的直接编码中却需要 64 个整数表示,可见游程长度编码压缩数据是十分有效且简便的。事实上,压缩比的大小是与图的复杂程度成反比的,在变化多的部分,游程数就多,变化少的部分,游程数就少,图件越简单,压缩效率就越高。另一种游程长度编码方案就是逐个记录各行(或列)代码发生变化的位置和相应属性,如对图 4-5(c)所示栅格数据的另一种游程长度编码如下(沿列方向):

(0,0),(1,4),(3,0),(0,4),(3,0);(0,4),(4,8),(5,0);(0,7),(1,4),(3,8),(6,0);(0,7),(1,4),(2,8),(7,0);(0,7),(2,8);(0,7),(5,8);(0,7),(4,8)

该游程长度编码简单,且压缩时无信息损失,适合于地物对象按水平方向或垂直方向分布比较规则的情况,进行解码也很方便,只需要知道栅格数据的行数或列数即可。

由于游程长度编码在进行压缩时每次只处理一行或者一列数据,因此该编码方式并不具有二维区域属性。当数据中有属性相同的面状地物时,该编码的压缩效率并不高,这时我们可以采用块码或四叉树编码。

(3)块码。块码是游程长度编码扩展到二维的情况,采用方形区域作为记录单元,每个记录单元包括相邻的若干栅格,数据结构由初始位置(行、列号)和半径,再加上记录单位的代码组成。对图 4-5(c)所示图像的块码编码如下:

(0,0,1,0),(0,1,2,4),(0,3,1,7),(0,4,1,7),(0,5,2,7),(0,6,1,7),(1,0,1,4),(1,3,1,4),(1,4,1,4),(1,7,1,7),(2,0,1,4),(2,1,1,4),(2,2,1,4),(2,3,1,4),(2,4,2,8),(2,6,2,7),(3,0,2,0),(3,2,1,4),(3,3,1,8),(4,2,1,8),(4,3,2,8),(4,5,1,8),(4,6,1,7),(4,7,1,8),(5,0,3,0),(5,5,3,8),(6,3,1,0),(6,4,1,8),(7,3,1,0),(7,4,1,0)

其编码结果如图 4-10 所示。该例中块码用了 120 个整数,比直接编码还多,这是因为为描述方便,栅格划分很粗糙,在实际应用中,栅格划分细,数据冗余多得多,才能显出压缩编码的效果,而且还可以作一些技术处理,如行号可以通过行间标记而省去记录,行号和半径等也不必用双字节整数来记录,可进一步减少数据冗余。

0	4	4	7	7	7	7	7
4	4	4	4	4	7	7	7
4	4	4	4	8	8	7	7
0	0	4	8	8	8	7	7
0	0	8	8	8	8	7	8
0	0	0	8	8	8	8	8
0	0	0	0	8	8	8	8
0	0	0	0	0	8	8	8

图 4-10　块码编码示意图

块码的编码简单，解码时只需要知道栅格数据的行列数即可。块码具有区域性质和可变分辨率，它与游程长度编码相似，其效率随着图形复杂程度的提高而降低。就是说图斑(同属性地物对象)越大，压缩比越高；图斑越碎，压缩比越低。块码在合并、插入、检查延伸性、计算面积等操作时有明显的优越性。然而在某些操作时，则必须把游程长度编码和块码解码，转换为基本栅格结构进行。

(4)四叉树编码。四叉树编码是最有效的栅格数据压缩编码方法之一，绝大部分图形操作和运算都可以直接在四叉树结构上实现，因此四叉树编码既压缩了数据量，又可大大提高图形操作的效率。四叉树编码的基本思想是：根据栅格数据二维空间分布的特点，将空间区域按照左上、右上、左下、右下 4 个象限进行递归分割，直到子象限的属性单调为止，最后得到一棵四分叉的倒向树。属性单调的含义是栅格单元的属性值完全一样，或满足一定的属性单调条件，比如该区域所有栅格单元的属性值方差小于某一设定的阈值。

采用四叉树对栅格数据分解后各子象限大小不完全一样，但都是同属性栅格单元组成的子块，其中最上面的一个结点叫作根结点，它对应于整个图形。不能再分的结点称为叶子结点，可能落在不同的层上，该结点代表属性一致的区域，所有叶子结点所代表的方形区域覆盖了整个图形。四叉树通过树状结构记录这些结点，并通过这种树状结构实现查询、修改、量算等操作。图 4－11 为图 4－5(c)的四叉树分解，各子象限大小不完全一样，但都是同属性栅格单元，其四叉树如图 4－12 所示。

0	4	4	7	7	7	7	7
4	4	4	4	4	7	7	7
4	4	4	4	8	8	7	7
0	0	4	8	8	8	7	7
0	0	8	8	8	8	7	8
0	0	0	8	8	8	8	8
0	0	0	0	8	8	8	8
0	0	0	0	0	8	8	8

图 4－11　四叉树分割

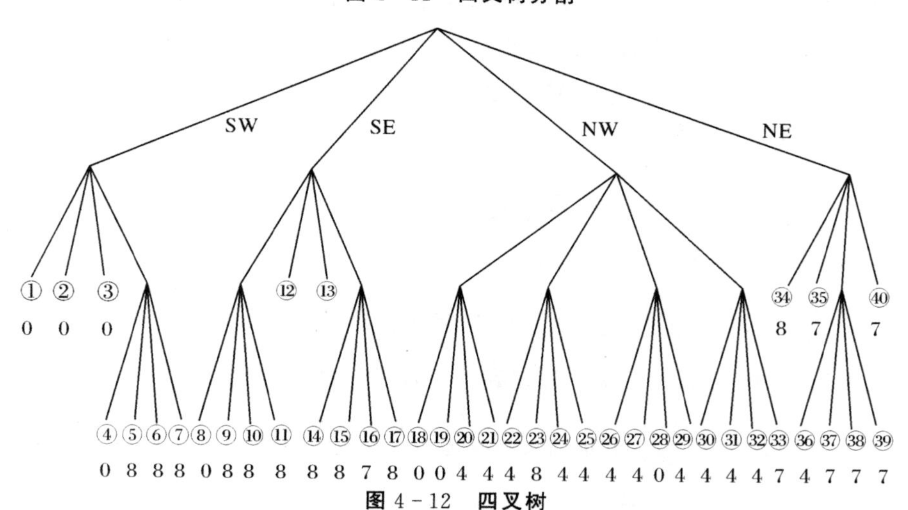

图 4－12　四叉树

在图 4 - 12 表示的四叉树中，最上面的那个结点叫作根结点，它对应整个图形。总共有 4 层结点，每个结点对应一个象限，如 2 层 4 个结点分别对应于整个图形的四个象限，排列次序依次为西南（SW）、东南（SE）、西北（NW）和东北（NE），不能再分的结点称为叶子结点，可能落在不同的层上，该结点代表的子象限具有单一的属性，所有叶子结点所代表的方形区域覆盖了整个图形。从上到下、从左到右为叶子结点编号，共有 40 个叶子结点，也就是原图被划分为 40 个大小不等的方形子区，图 4 - 12 的最下面的一排数字表示各子区的属性。

由四叉树分解可见，四叉树中象限的尺寸是大小不一的，位于较高层次的象限较大，深度小即分解次数少，而低层次上的象限较小，深度大即分解次数多，这反映了图上某些位置单一地物分布较广，而另一些位置上的地物比较复杂，变化较大。正是由于四叉树编码能够自动地依照图形变化调整象限尺寸，因此它具有极高的压缩效率。

采用四叉树编码时，为了保证四叉树分解能不断地进行下去，要求图像必须为 $2n\times 2n$ 的栅格阵列，n 为极限分割数，$n+1$ 为四叉树的最大高度或最大层数。图 4 - 5(c) 为 23×23 的栅格，因此最多划分三次，最大层数为 4。对于非标准尺寸的图像，需首先通过增加背景的方法将图像扩充为 $2n\times 2n$ 的图像。

四叉树按照存储方式的不同可以分为常规四叉树和线性四叉树。常规四叉树除了记录叶结点之外，还要记录中间结点。结点之间借助指针联系，每个结点需要用六个量表达，即四个叶结点指针、一个父结点指针和一个结点属性值，这些指针不仅增加了数据储存量，而且增加了操作的复杂性。

在地理信息系统中一般不采用常规四叉树，而是采用线性四叉树来进行栅格数据的存储和处理。线性四叉树中只记录叶结点信息，如叶结点的位置、属性值，而不存储中间结点。记录叶结点位置信息的编码称为地址码，地址码又称为 morton 码，它隐含了叶结点的行列号信息。每一组行列号对应唯一的地址码，地址码可以很容易与行列号进行相互转换。图 4 - 13 显示了 10 行 13 列的栅格数据地址码的取值，可以发现，地址码是自左上角向右下方以“田”字格方式逐次铺开的。

线性四叉树的地址码有两种计算方式，第一种方式是解析式，也称为十进制方式。结合图 4 - 13 来介绍解析式的计算方法。在图 4 - 13 中，栅格数据的列号和行号分别用 i 和 j 来表示，I_f 和 J_f 分别是 i 和 j 的函数。$M_D(i,j)$ 表示列号和行号分别为 i 和 j 的单元格的地址码。我们可以得到以下公式：

$$J_f(j)=2I_f(j) \tag{4-1}$$

$$M_D(i,j)=I_f+J_f \tag{4-2}$$

其中，I_f 可通过递推公式来计算，即

$$I_f(i)=\sum_{k=0}^{k_{\max}}\mathrm{MOD}(I_k,2)\times 4^k,\ k_{\max}=\mathrm{INT}(\log_2 i),\ I_0=i,\ I_k=\mathrm{INT}(I_{k-1}/2) \tag{4-3}$$

计算出 I_f 后，根据公式(4 - 1)也可以得到 J_f 的递推公式。因此最终可以得到 M_D 的表达式：

$$\left.\begin{array}{l} M_D(i,j)=\sum\limits_{k=0}^{k_{\max}}\mathrm{MOD}(I_k,2)\times 4^k+2\times\sum\limits_{l=0}^{l_{\max}}\mathrm{MOD}(J_l,2)\times 4^l \\ J_0=j,\ J_l=\mathrm{INT}(J_{l-1}/2) \end{array}\right\} \tag{4-4}$$

地址码的第二种计算方式是二进制方式。假设某栅格单元的行、列号分别为 J 和 I，那么我们可以得到 J、I 在计算机内部的二进制表示，$J=(j_nj_{n-1}\cdots j_2j_1)$，$I=(i_ni_{n-1}\cdots i_2i_1)$，则该栅格单元的地址码实际上是 I、J 的二进制按位交叉结合的结果，即

$$M_D=j_ni_nj_{n-1}i_{n-1}\cdots j_2i_2j_1i_1 \qquad (4-5)$$

将得到的二进制数 M_D 转换为十进制数就可以得到相应的地址码了。

四叉树编码具有可变的分辨率，并且有区域性质，压缩数据灵活，许多运算可以在编码数据上直接实现，大大地提高了运算效率，是优秀的栅格压缩编码之一。

一般说来，对数据的压缩是以增加运算时间为代价的。在这里时间与空间是一对矛盾，为了更有效地利用空间资源，减少数据冗余，不得不花费更多的运算时间进行编码，好的压缩编码方法就是要在尽可能减少运算时间的基础上达到最大的数据压缩效率，并且算法适应性强，易于实现。链码的压缩效率较高，已经近矢量结构，对边界的运算比较方便，但不具有区域的性质，区域运算困难；游程长度编码既可以在很大程度上压缩数据，又最大限度地保留了原始栅格结构，编码解码十分容易；块码和四叉树码具有区域性质，又具有可变的分辨率，有较高的压缩效率，四叉树编码可以直接进行大量图形图像运算，效率较高，是很有前途的方法。

M_D 列 / 行		i	0	1	2	3	4	5	6	7	8	9	10	11	12
		I_f	0	1	4	5	16	17	20	21	64	65	68	69	80
j	J_f			4^0	4^1	4^1+4^0	4^2	4^1+4^0	4^2+4^1	$4^2+4^1+4^0$	4^3	4^3+4^0			
0	0		0	1	4	5	16	17	20	21	64	65	68	69	80
1	2		2	3	6	7	18	19	22	23	66	67	70	71	82
2	8		8	9	12	13	24	25	28	29	72	73	76	77	88
3	10		10	11	14	15	26	27	30	31	74	75	78	79	90
4	32		32	33	36	37	48	49	52	53	96	97	100	101	112
5	34		34	35	38	39	50	51	54	55	98	99	102	103	114
6	40		40	41	44	45	56	57	60	61	104	105	108	109	120
7	42		42	43	46	47	58	59	62	63	106	107	110	111	122
8	128		128	129	132	133	144	145	148	149	192	193	196	197	208
9	130		130	131	134	135	146	147	150	151	194	195	198	199	210
						141	152	153	156	157					

///// 图廓线

图 4-13　线性四叉树的地址码

4.3　矢量数据结构与栅格数据结构的比较

栅格结构与矢量结构是地理信息系统中两种最基本的数据结构，分别对应空间数据模型中的栅格数据模型和矢量数据模型，它们分别从不同的角度来模拟现实生活中的地理对象。栅格数据结构具有属性明显、位置隐含的特点，而由点、线、面表示的矢量数据结构具有

位置明显而属性隐含的特点。

栅格数据具有数据量大、图形精度低的特点，而矢量数据的数据量小，图形精度高。对于某些图形分析而言，比如说叠置分析，栅格数据的分析比较简单，而矢量数据则要复杂得多。从数据的角度来讲，空间数据里面有一类非常重要的数据即遥感影像，遥感影像数据的格式更接近于栅格数据而与矢量数据并不一致。从图形输出和表达的角度讲，栅格数据的输出和显示更直观、方便，而矢量数据的输出和显示更加抽象和复杂。从数据共享角度讲，栅格数据结构简单且比较规范，所以栅格数据共享更容易实现，而矢量数据共享不易实现。但对于某些空间分析，比如说拓扑分析和网络分析，矢量数据更容易实现，而栅格数据就不那么容易实现。可以说栅格数据结构和矢量数据结构具有各自的特点和适用性，我们很难说哪种数据结构更好。

无论哪种结构，数据精度和数据量都是一对矛盾，要提高精度，栅格结构需要更多的栅格单元，而矢量结构则需记录更多的线段结点。一般来说，栅格结构只是矢量结构在某种程度上的一种近似，如果要使栅格结构描述的数据取得与矢量结构同样的精度，甚至仅仅在量值上接近，则数据量也要比后者大得多。

许多实践证明，栅格结构和矢量结构在表示空间数据上可以是同样有效的，对于一个GIS 软件，较为理想的方案是采用两种数据结构，即栅格结构与矢量结构并存，对于提高地理信息系统的空间分辨率、数据压缩率和增强系统分析、输入输出的灵活性十分重要。两种数据结构的比较见表 4－12。

表 4－12　矢量数据结构与栅格数据结构的比较

比较内容	矢量数据结构	栅格数据结构
数据量	小	大
图形精度	高	低
图形分析	复杂、高效	简单、低效
遥感影像格式	不一致	一致或接近
输出表示	抽象、复杂	直观、方便
数据共享	不易实现	容易实现

4.4　矢量数据与栅格数据的相互转换

由于栅格数据和矢量数据有各自的特点，地理信息系统里面经常需要将栅格数据和矢量数据进行转换。从矢量数据到栅格数据的转换称为栅格化，栅格化操作相对简单，有许多著名的程序可以完成这种转换。从栅格数据到矢量数据的转换称为矢量化，这种转换算法要复杂得多，转换过程包括“识别”“细化”等处理过程。下面首先介绍一下矢量数据向栅格数据的转换。

4.4.1　矢量数据向栅格数据的转换

由于矢量数据是由点、线、面所构成的，因此由矢量数据向栅格数据的转换实际上就是要实现点、线、面的栅格化。

1. 点的栅格化

点的栅格化就是要确定矢量数据的点转换成为栅格数据后的行列号。我们以图 4-14 为例进行说明，假设要对图中点 P 进行栅格化，P 点的坐标为(X,Y)。对于矢量数据，其基本坐标系是直角坐标系，坐标原点位于左下角，而栅格数据是通过行列号来表示位置，行列号的起始位置一般位于数据的左上角，为了方便数据之间的转换，我们要求直角坐标系的 X 轴和 Y 轴分别平行于栅格数据的行和列。那么点的栅格化就要确定点究竟落在了栅格的哪一行、哪一列，也就是要确定点的行号 i 和列号 j。

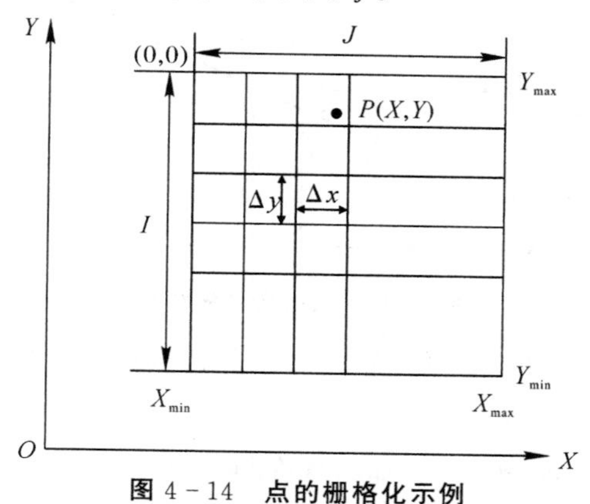

图 4-14　点的栅格化示例

假设栅格数据的最大、最小 X 坐标分别记为 X_{max}、X_{min}，最大、最小 Y 坐标分别记为 Y_{max}、Y_{min}，栅格数据的行数和列数分别为 I 和 J。则 P 点的行号 i 和列号 j 可以分别根据式(4-6)和式(4-7)求得：

$$i=\mathrm{INT}\left(\frac{Y_{max}-Y}{\Delta y}\right) \tag{4-6}$$

$$j=\mathrm{INT}\left(\frac{X-X_{min}}{\Delta x}\right) \tag{4-7}$$

在式(4-6)和式(4-7)中，INT 函数表示取整，Δx 和 Δy 分别表示栅格单元的宽度和高度，在这两个公式中行号和列号都是从 0 开始的。Δx 和 Δy 的计算公式为

$$\Delta x=\frac{x_{max}-x_{min}}{J} \tag{4-8}$$

$$\Delta y=\frac{y_{max}-y_{min}}{I} \tag{4-9}$$

通过以上四组公式就完成了点的栅格化，点的栅格化就是要确定这个点究竟落在栅格数据的哪一行、哪一列。实现了点的栅格化以后，我们看一下线的栅格化。

2. 线的栅格化

在矢量数据中，线是由一系列直线段组成的，因此线的栅格化的核心就是直线段如何由矢量数据转换为栅格数据，也就是直线段的栅格化。直线段的栅格化就是计算出栅格数据

中最接近该直线段的一系列栅格单元，并用这些栅格单元的集合来替代原来直线段的过程。常用的直线段栅格化方法有数值微分法、生成直线的中点算法、Bresenham 算法等，在这里介绍一下数值微分法。

如图 4－15 所示，假设待栅格化的直线段方程为 $y=mx+b$，且斜率 $|m|\leqslant 1$，直线段首尾两个端点的横坐标分别为 x_0 和 x_n。为了分析问题的方便，令首尾两个端点的列号 j_0 和 j_n 分别等于 x_0 和 x_n，栅格单元的宽和高均为 1。

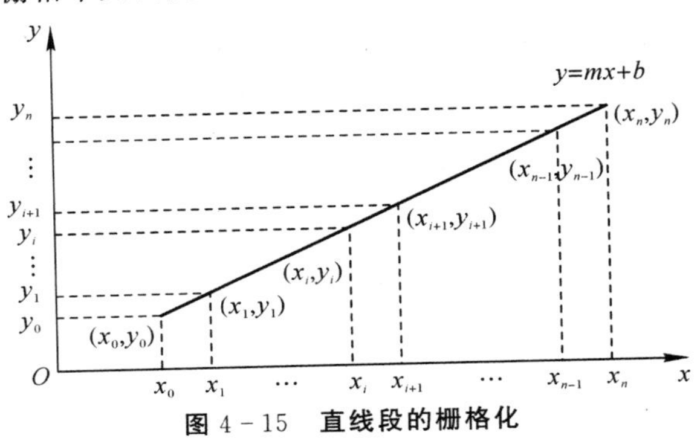

图 4－15　直线段的栅格化

以一个栅格单元宽度为单位分割区间$[x_0,x_n]$，得到区间上的一个划分：$x_0,x_1,\cdots,x_n$，其中 $x_{i+1}=x_i+1$。根据直线方程得到直线段上对应于横坐标 x_i 的点的纵坐标 $y_i=mx_i+b$，于是得到集合$\{(x_i,y_i)\}(i=0,1,\cdots,n)$。那么现在得到的集合是否是栅格单元的集合呢？答案是否定的，由于栅格单元是用其行列号来标识的，栅格单元的集合其实是其行列号的集合，而栅格单元的行列号均为整数，在集合$\{(x_i,y_i)\}$中，由于 $x_0=j_0$，且 $x_{i+1}=x_i+1$，因此 x_i 均为整数，但是由于 $y_i=mx_i+b$，而 m 和 b 均有可能是浮点数，因此 y_i 有可能是浮点数。

由于 y_i 有可能为浮点数，需要对它取整，实际得到的栅格单元的集合为$\{(x_i,y_{i,d})\}$ $(i=0,1,\cdots,n)$，其中，$y_{i,d}=\text{round}(y_i)=\text{INT}(y_i+0.5)$，$\text{round}(y_i)$表示对 y_i 进行四舍五入取整。那么集合$\{(x_i,y_{i,d})\}$就是最接近直线段 $y=mx+b$ 的一系列栅格单元的集合，也就是直线段栅格化的结果。

在这里解释一下为什么要对 y_i 进行四舍五入取整而非直接舍弃其小数部分。如图 4－16所示，用水平方向和竖直方向两两相交直线的交点代表栅格单元点，相邻两条直线的距离为 1，直线段 $y=mx+b$ 与直线 $x=x_i$ 和直线 $x=x_{i+1}$ 的交点分别为(x_i,y_i)和(x_{i+1},y_{i+1})，可以发现通过对 y_i 和 y_{i+1}分别进行四舍五入取整，可以得到离这两个交点最近的两个栅格单元点。如果对 y_i 和 y_{i+1}进行直接舍弃小数部分的取整，交点(x_i,y_i)取整后得到的栅格点不变，而(x_{i+1},y_{i+1})取整后得到的栅格点变为交点下方的点，显然这并不是距离交点最近的栅格点。因此，我们对 y_i 进行取整时不能直接舍弃其小数部分，而要进行四舍五入取整。

将 x_{i+1}与 x_i 的关系代入直线段方程可以得到 y_{i+1}与 y_i 的递推关系：即 $y_{i+1}=mx_{i+1}+b=m(x_i+1)+b=mx_i+b+m=y_i+m$。这样就得到了 y_{i+1}与 y_i 的递推关系，从而更加方便地求解每一个 y_i。

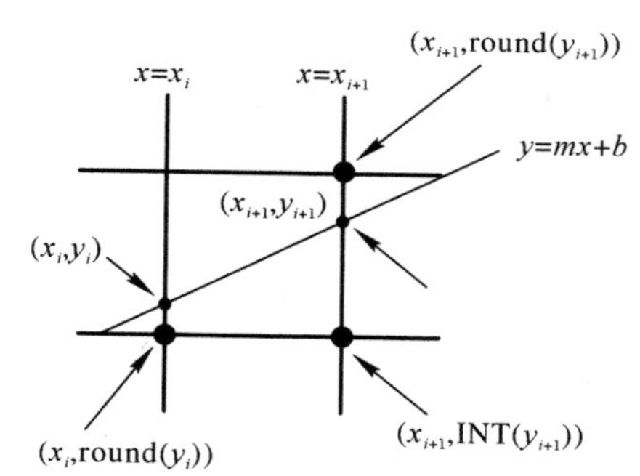

图4-16　直线段栅格化中的四舍五入取整

3. 多边形的栅格化

多边形的栅格化可以分两个步骤进行：第一步是多边形的边界线的栅格化，第二步是多边形内部的栅格化。由于多边形边界线是由一系列直线段构成的，因此边界线栅格化可以采用直线段的栅格化方法来完成。

多边形内部的栅格化就是对边界内的所有栅格赋予相应编码，形成栅格数据阵列。多边形内部的栅格化又称为区域填充，常见的区域填充方法有内部点扩散法、射线算法、边界代数法。

(1)内部点扩散算法。该算法由每个多边形一个内部点(种子点)开始，向其8个方向的邻点扩散，判断各个新加入点是否在多边形边界上，如果是边界上，则该新加入点不作为种子点，否则把非边界点的邻点作为新的种子点与原有种子点一起进行新的扩散运算，并将该种子点赋以该多边形的编号。重复上述过程，直到所有种子点填满该多边形并遇到边界停止为止。扩散算法程序设计比较复杂，并且在一定的栅格精度上，如果复杂图形的同一多边形的两条边界落在同一个或相邻的两个栅格内，会造成多边形不连通，这样一个种子点不能完成整个多边形的填充。

(2)射线算法和扫描算法。

射线算法可逐点判断数据栅格点在某多边形之外或在多边形内，由待判点向图外某点引射线，判断该射线与某多边形所有边界相交的总次数，如相交偶数次，则待判点在该多边形外部，如为奇数次，则待判点在该多边形内部，如图4-17所示。采用射线算法，要注意的是：射线与多边形边界相交时，有一些特殊情况会影响交点的个数，必须予以排除，如图4-18所示。

扫描算法是射线算法的改进，将射线改为沿栅格阵列列或行方向扫描线，判断与射线算法相似。扫描算法省去了计算射线与多边形边界交点的大量运算，大大提高了效率。

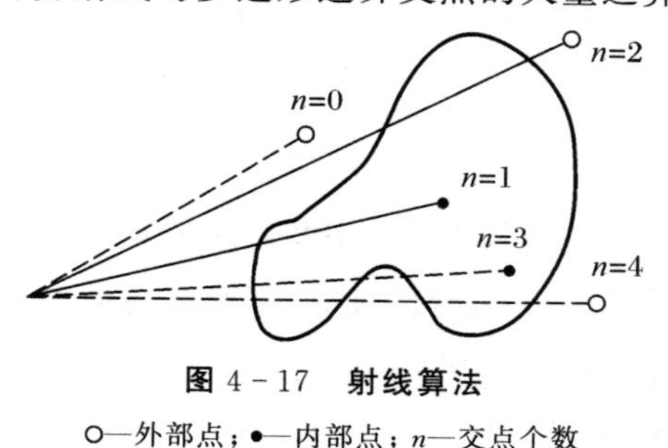

图4-17　射线算法

○—外部点；●—内部点；n—交点个数

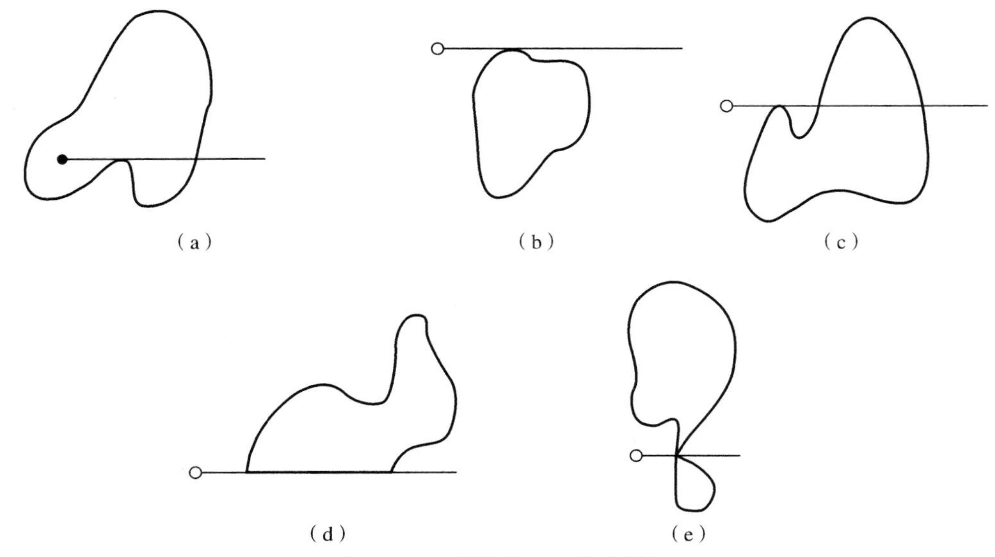

图 4-18 射线算法的特殊情况

(a)～(c)相切；(d)重合；(e)不连通

(3)边界代数算法(boundary algebra filling)。边界代数算法的思想是根据边界的拓扑信息,通过加减运算将多边形属性信息动态地赋予各栅格。实现边界代数法填充的前提是已知组成多边形边界的拓扑关系,即沿边界前进方向的左、右多边形号。

边界代数法的填充过程:假设沿边界前进方向 y 值上升时为上行,y 值下降时为下行。上行时填充弧段左边栅格单元,填充值为左多边形号减右多边形号,下行时填充弧段右边栅格,填充值为右多边形号减左多边形号,填充时将每次填充值同该处的原始值作代数运算得到最终填充属性值。

我们以图 4-19 为例来说明边界代数法的填充过程。该图共包含三个多边形,多边形号分别为 1、2、3,多边形弧段的端点分别记为 N_1、N_2、N_3、N_4。

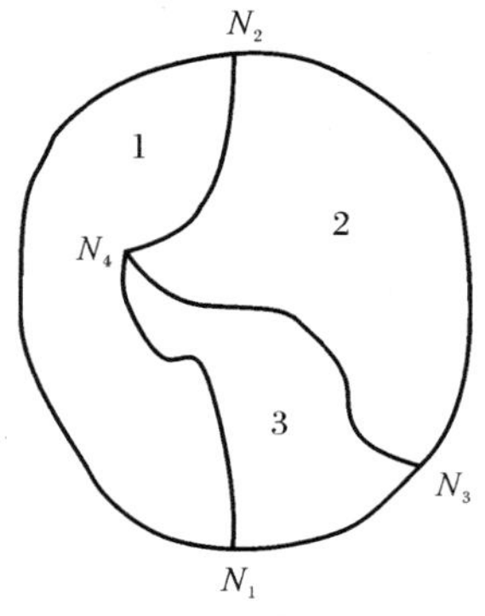

图 4-19 待填充多边形

首先 N_1N_2 弧段上行,填充值为左多边形号－右多边形号＝0－1＝－1,填充栅格为弧段左边栅格,如图 4-20(a)所示。然后 N_2N_3 弧段下行,填充值为右多边形号－左多边形号＝2,填充栅格为弧段右边栅格,如图 4-20(b)所示。接下来 N_3N_1 弧段下行,填充值为右多边形号－左多边形号＝3，填充栅格为弧段右边栅格，如图4－20(c)所示。然后 N_1N_4 弧段上行，填充值为左多边形号－右多边形号＝－2，填充栅格为弧段左边栅格，如图4－20(d)所示。然后 N_4N_2 弧段上行，填充值为左多边形号－右多边形号＝－1，填充栅格为弧段左边栅格，如图4－20(e)所示。最后 N_4N_3 弧段下行，填充值为右多边形号－左多边形号＝1，填充栅格为弧段右边栅格，如图4－20(f)所示。这样我们就完成了三个多边形内部的填充。

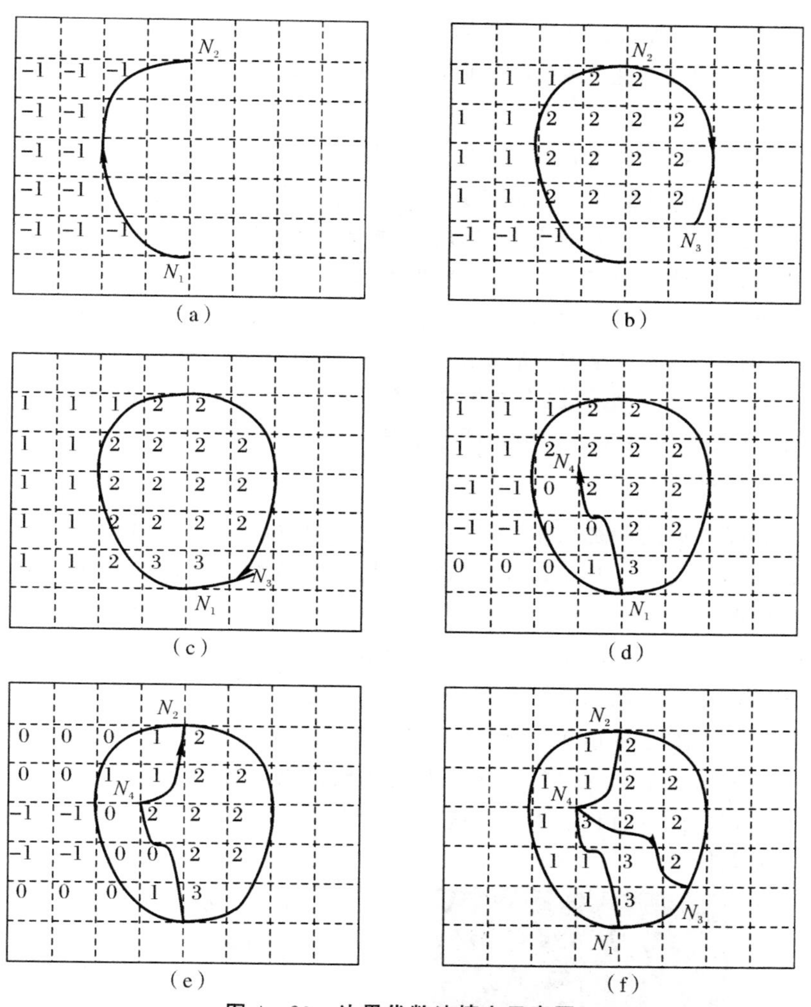

图4－20　边界代数法填充示意图

边界代数法与前述其他算法的不同之处在于，它不是逐点判断与边界的关系完成转换，而是根据边界的拓扑信息，通过简单的加减代数运算将边界位置信息动态地赋给各栅格点，实现了矢量格式到栅格格式的高速转换，而不需要考虑边界与搜索轨迹之间的关系，因此算法简单、可靠性好，各边界弧段只被搜索一次，避免了重复计算。但是这并不意味着边界代数法可以完全替代其他算法，在某些场合下，还是要采用种子填充算法和射线算法，前者应用于在栅格图像上提取特定的区域，后者则可以进行点和多边形关系的判断。

4.4.2 栅格数据向矢量数据的转换

栅格数据向矢量数据的转换就是提取栅格数据中属性相同的栅格单元集合表示的多边形区域的边界，然后将边界表示成由多个小直线段组成的矢量格式边界线，并生成边界的拓扑关系的过程。

1. 转换步骤

栅格格式向矢量格式转换通常包括以下四个基本步骤：

(1)多边形边界提取：采用图像处理方法将栅格图像二值化并提取多边形区域的边界点。

(2)边界线追踪：对每个边界弧段由一个结点向另一个结点搜索，通常对每个已知边界点需沿除了进入方向的其他 7 个方向搜索下一个边界点，直到连成边界弧段。

(3)拓扑关系生成：对于矢量表示的边界弧段数据，判断其与原图上各多边形的空间关系，以形成完整的拓扑结构并建立与属性数据的联系。

(4)去除多余点及曲线圆滑：由于搜索是逐个栅格进行的，必须去除由此造成的多余点记录，以减少数据冗余；搜索结果，曲线由于栅格精度的限制可能不够圆滑，需采用一定的插补算法进行光滑处理，常用的算法有线形迭代法、分段三次多项式插值法、正轴抛物线平均加权法、斜轴抛物线平均加权法和样条函数插值法。

2. 多边形边界提取

多边形边界提取算法种类众多，通常可以根据数据处理策略和相邻像元在灰度级上的差异，分为基于阈值的方法、基于边缘的方法和基于区域的边界提取方法，在此主要介绍基于阈值的边界提取方法。

基于阈值的边界提取方法主要分为两个步骤：一是二值化，二是边界的细化。

二值化是指在栅格数据的最大与最小属性之间定义一个阈值 T，如果栅格属性大于或等于 T，就将栅格的值记为 1，否则记为 0，这样就把多属性值的栅格图像变为一幅二值图像。图 4－21 显示采用基于阈值的方法将左边的栅格数据分割为只含有两种属性值的目标区域和背景区域，此时的阈值设为 100，这样就可以将属性值在 0～255 的栅格数据转换为右边这一幅二值图像。

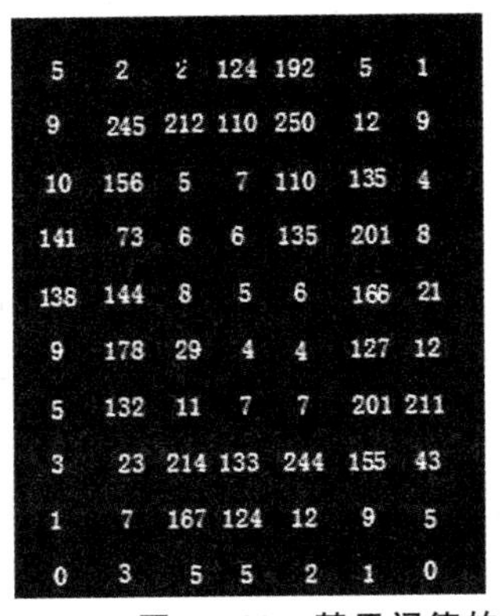

5	2	2	124	192	5	1
9	245	212	110	250	12	9
10	156	5	7	110	135	4
141	73	6	6	135	201	8
138	144	8	5	6	166	21
9	178	29	4	4	127	12
5	132	11	7	7	201	211
3	23	214	133	244	155	43
1	7	167	124	12	9	5
0	3	5	5	2	1	0

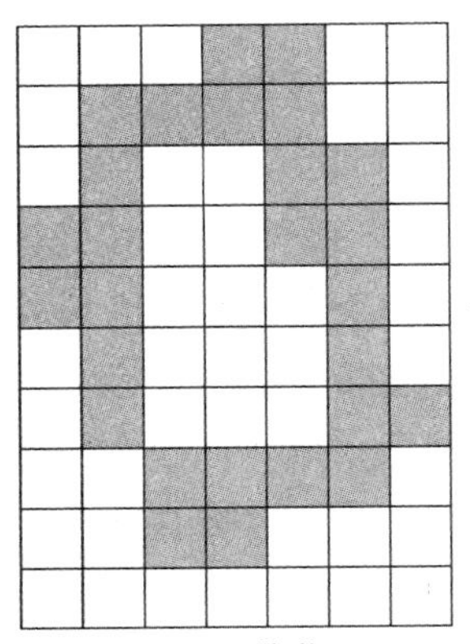

图 4－21　基于阈值的方法对栅格数据进行二值化

二值化方法实质上是按照某个准则求出最佳阈值的过程，如何准确地确定阈值参数是该方法的关键。二值化方法原理比较简单，运算效率较高，但这种方法只考虑像元本身的属性值而一般不考虑其他特征，因此对噪声很敏感，该方法通常在实际应用中与其他方法结合使用。

基于阈值的边界提取方法的第二个步骤是边界的细化。在将栅格数据分为目标区域和背景区域后，由于目标区域的边界栅格的宽度往往大于 1 个像元，因此需要对边界栅格进行细化处理，所谓细化就是指每一条栅格线只保留它的轴线。对于面状区域而言，就是在周围轮廓线位置只保留单个栅格的宽度。常见的栅格线的细化方法包括骨架法、剥皮法和基于数学形态学的方法等，在此介绍一下骨架法。

骨架法的基本思想是在每个栅格处，用 3×3 的窗口来计算属性值之和，然后用该属性码之和赋值窗口中心栅格单元，每一行中最大栅格属性值所在的位置就是栅格线的骨架。以图 4－22 为例，图 4－22(a)为二值化后的栅格数据；用 3×3 窗口区域来计算该数据窗口内各栅格单元属性码之和，然后赋予 3×3 窗口的中心的栅格单元，得到图 4－22(b)，在该图中每一行都可以找到一个最大的属性码，比如第一行里面的 5 和第二行的 7；将每一行具有最大属性码的栅格单元重新赋值为 1，其他栅格单元赋值为 0，得到图 4－22(c)，该图中所有 1 所在的栅格单元就是栅格线的骨架。

1	1	0	0	0	0
1	1	0	0	0	0
0	1	1	1	0	0
0	0	1	1	0	0
0	1	1	1	0	0
0	0	1	1	0	0

(a)

4	5	3	1	0	0
5	7	6	3	1	0
3	6	7	5	2	0
2	5	8	6	3	0
1	4	7	6	3	0
1	3	5	4	2	0

(b)

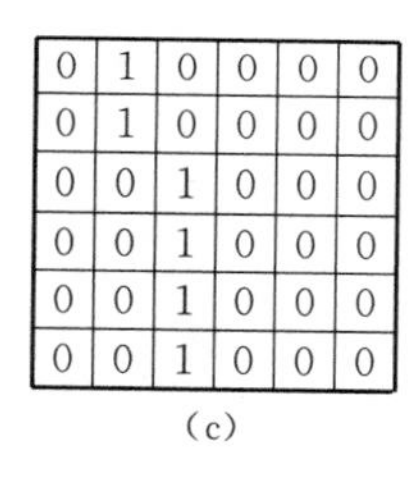

0	1	0	0	0	0
0	1	0	0	0	0
0	0	1	0	0	0
0	0	1	0	0	0
0	0	1	0	0	0
0	0	1	0	0	0

(c)

图 4－22　二值化示意图

3. 边界线追踪

边界线追踪的目的就是将细化处理后的栅格数据整理为从结点出发的线段或闭合的线条，并以矢量形式存储。边界线追踪方法的基本流程为：

(1)从左向右、从上向下搜索线划起始点，并记下坐标。

(2)朝该点的 8 个方向追踪点，若没有，则本条线的追踪结束，转(1)进行下条线的追踪；否则记下坐标。

(3)把搜索点移到新取的点上，转(2)。

在第(2)步追踪过程中要区分当前点的类型(见图 4－23)，如果是中间点直接进行追踪，如果是结点则选择其中一个方向追踪，该方向追踪完毕后，再追踪另外一个方向，直至所有方向追踪完毕。

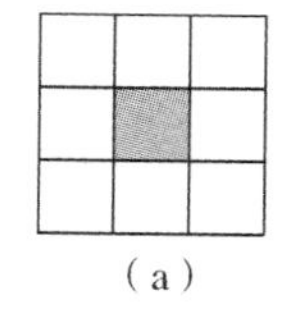

(a)

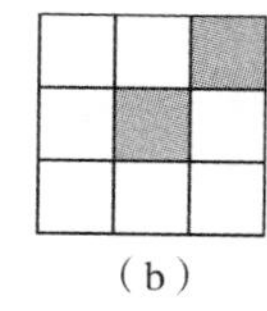

(b)

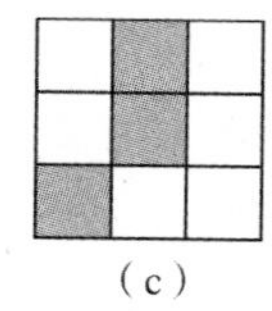

(c)

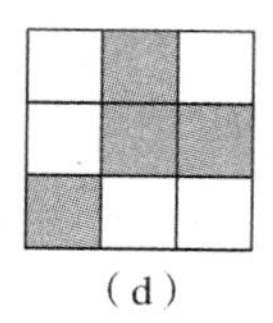

(d)

图 4－23　边界追踪不同结点类型

(a)孤立点；(b)端点；(c)中间点；(d)结点

1. 实体数据结构有哪些有优缺点？
2. 链状双重独立编码如何表示数据的拓扑关系？
3. 如何采用链码对栅格数据进行编码？这种编码方式有何优缺点？
4. 对游程长度编码进行解码时需要什么信息？
5. 线性四叉树如何记录叶子结点的位置信息？简述其计算方法。
6. 矢量数据结构和栅格数据结构哪一种更容易实现数据的共享？
7. 多边形的栅格化一般包括哪些步骤？分别采用什么样的方法？
8. 栅格数据向矢量数据转换通常包括哪几个步骤？
9. 请描述一下边界代数法的基本思想。

第5章　空间数据的组织与管理

地理信息系统的核心是空间数据，其功能也主要围绕空间数据展开，包括空间数据获取、空间数据分析和空间数据应用三部分。因此，如何合理高效地组织和管理空间数据对于地理信息系统的性能至关重要。由于空间数据不同于结构化数据，不能够直接采用传统的关系型数据库进行存储，因而必须根据其特征来研究它们的组织和管理方法。

5.1　空间数据的特征

空间数据也称地理空间数据，是对地理事物和现象（也称作地理要素）的语义、空间位置、几何形态、演化过程、相互关系和属性等多方面特征感知结果所进行的抽象描述和表达，在 GIS 中，尤指对这些特征的数字化表达形式。一般来说，资源、环境、经济和社会等众多领域带有相对或绝对地理空间坐标的数据都是空间数据。

空间数据由于其独有的特征，使得采用传统数据库系统进行空间数据的组织与管理时面临巨大的挑战。相对于非空间数据，空间数据具有以下特征。

1. 空间特征

空间特征是指空间对象的位置、形状和大小等几何特征，以及与相邻对象的空间关系。空间数据中的点、线、面等空间对象的位置均通过空间坐标串来进行描述，不同的对象其坐标串的数量也不尽相同，这些不同长度的坐标串，很难用我们传统数据库中的某种类型来进行表示。空间对象的空间关系也是同样的道理，当我们对空间关系进行描述时，不同对象间的空间关系均采用了变长的记录，导致空间关系也很难直接用传统数据库进行管理。

2. 非结构化特征

在当前关系数据库管理系统中，数据记录中每条记录都是定长（结构化）的，数据项不能再分，不允许嵌套记录。而空间数据不能满足这种定长（结构化）要求。若用一条记录表达一个空间对象，其数据项可能是变长的，例如一条弧段的坐标，其长度是不可限定的，可能是两对坐标，也可能是成百上千对坐标；此外，一个对象可能包含另外的一个或多个对象，例如一个多边形，可能含有多条弧段，若一条记录表示一条弧段，则该多边形的记录就可能嵌套多条弧段的记录，故它不满足关系数据模型的结构化要求，从而使得空间图形数据难以直接采用通用的关系数据管理系统。

3. 空间关系特征

空间数据除了空间坐标隐含了空间分布关系外，还通过拓扑数据结构表达了多种空间关系。这种拓扑数据结构一方面方便了空间数据查询和空间分析，但另一方面也给空间数据的一致性和完整性维护增加了复杂度。特别是有些几何对象，没有直接记录空间坐标的信息，如拓扑的面状实体仅记录组成它的弧段标识，因而进行查找、显示和分析操作时都需要操纵和检索多个数据文件。

4. 多尺度与多态性

不同观察比例尺具有不同的尺度和精度，同一地物在不同情况下也会有形态差异。例如，城市在空间上占据一定的范围，在较大比例尺中可以作为面状空间实体对象，而在较小比例尺中，则是作为点状空间对象来处理的。

5. 分类编码特征

一般情况下，每个空间对象都有一个分类编码，这种分类编码往往是按照国家标准、行业标准或地区标准来应用的，每一种地物类型在某个 GIS 中的属性项个数是相同的。因而在许多情况下，一种地物类型对应一个属性数据表文件。当然，如果几种地物类型的属性项相同，也可以多种地物类型共用一个属性数据表文件。

6. 海量数据特征

GIS 中数据量非常庞大，远大于一般的通用数据库，可称之为海量数据。一个城市地理信息系统数据量可达几十 GB，如果考虑影像数据的存储，可能达到几百 GB。这样的数据量在城市管理的其他数据库中是很少见的。由此，需要在二维空间上划分块或图幅，在垂直方向上划分层来进行组织。

5.2 空间数据的管理

空间数据的以上特征，导致空间数据的管理与一般数据的管理是不一样的，我们需要采用高效的空间数据管理手段来管理它们，而不能用普通的数据库管理系统进行管理。伴随数据库技术的发展，空间数据存储和管理主要经历了文件与关系数据库混合管理、全关系型数据库管理、对象-关系数据库管理、面向对象空间数据库管理四种方式的变化。

1. 文件与关系数据库混合管理

这是早期大部分 GIS 软件采取的数据管理方式，该方式采用文件系统管理几何图形数据，用商用关系型数据库管理属性数据，两者之间通过对象标识码 OID 进行连接。

ArcGIS 软件的 shape 文件系统采用的就是文件与关系数据库混合管理模式。shape 文件系统至少由 3 个文件构成：主文件 *.shp、索引文件 *.shx 和一个 dBASE 数据库表文件 *.dbf。主文件存储的是空间数据的位置信息，也就是 *X*、*Y* 坐标；索引文件存储的是有关主文件的索引信息，通过索引文件可以很方便地在主文件中定位到指定目标的坐标信息；数据库表文件存储空间数据的属性信息。

采用混合管理方式，几何数据与属性数据的关系通过 OID 连接，除此之外两者相互独立地组织、管理与检索。这种管理方式的优点是数据管理比较灵活，其不足之处在于：①属性数据和图形数据通过 OID 进行联系，使得查询运算、模型操作运算速度减慢；②数据分布和共享困难；③数据的安全性、一致性、完整性、并发控制及数据恢复功能较差；④缺乏表示空间对象及其关系的能力。

2. 全关系型数据库管理

在全关系数据库管理中，图形数据与属性数据都采用现有的关系型数据库存储，使用关系数据库标准连接机制来进行空间数据与属性数据的连接。这时候，对于变长结构的空间几何数据一般采用两种方法处理，如图 5－1 所示。

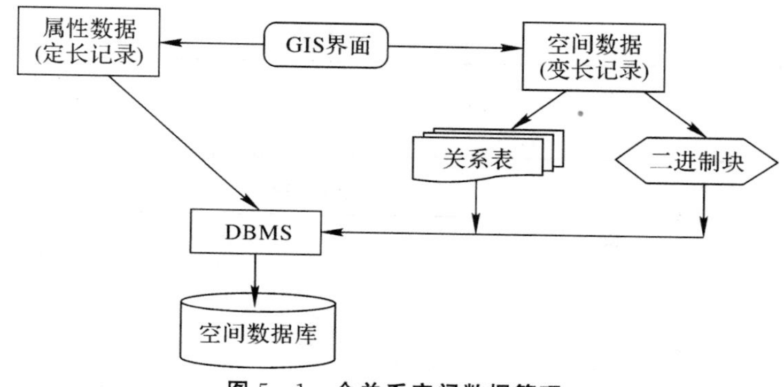

图 5－1　全关系空间数据管理

第一种方法是按照关系数据库组织数据的基本准则，对变长的几何数据进行关系范式分解，分解成定长记录的数据表进行存储。下面通过一个实例来看一下如何通过传统的关系型数据库存储空间数据。

假设要对某街区进行建模，街区的名字为“钟楼”，则需要在关系型数据库中创建表 block：

```
create table block(
name   string,
areafloat,
population   integer,
boundary polygon
)
```

由于 polygon 不是关系型数据库的内建数据类型，没有定义与之相关的操作，因此采用 polygon 创建表时会出错，这时我们可以对多边形进行分解。如图 5－2(a)所示，名称为“钟楼”的街区用黑色的多边形区域来表示，其 ID 记为 1050，构成该多边形的点、线、面之间的关系如图 5－2(b)所示，其中多边形 1050 是由 A、B、C、D 四条边构成，每条边又由点连接而成，如 A 由点 1、2 连接而成。通过明确多边形和边、点之间的关系，就可以在关系数据库中对多边形进行存储了。我们建立四张表，见表 5－1～表 5－4，并分别命名为 block、 polygon、edge、point，四张表分别用来存储街区信息、多边形信息、边的信息以及点的坐标。

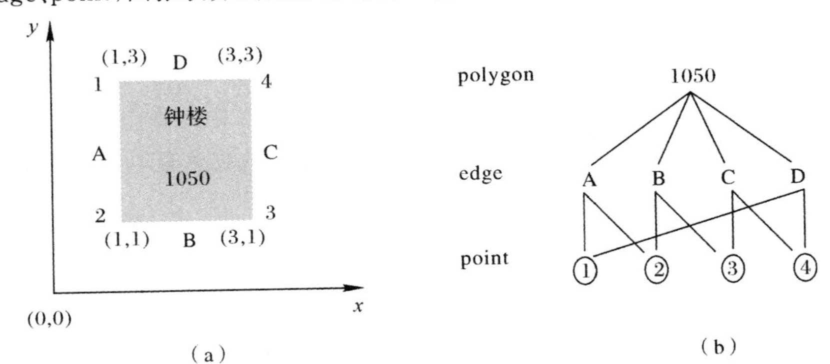

图 5-2 多边形及点、线、面之间的关系

表 5-1 block 表

Name	Area	Population	Boundary-ID
钟楼	4	7356	1050

表 5-2 polygon 表

Boundary-ID	Edge-name
1050	A
1050	B
1050	C
1050	D

表 5-3 edge 表

Edge-name	endpoint
A	1
A	2
B	2
B	3
C	3
C	4
D	4
D	1

表 5-4 point 表

endpoint	x-coor	y-coor
1	1	3
2	1	1
3	3	1
4	3	3

最后通过4张表我们完成了对街区信息的存储，这就是采用关系数据库对空间数据进行存储的方式，可以发现表5-1～表5-4有大量属性被重复存储，从而造成数据冗余。采用关系数据库存储空间数据除了造成数据冗余外，在进行数据的查询和分析时效率也比较低。假如我要计算街区的边界长度，那么该如何操作呢？

这时需要遍历所有4张表得到构成多边形的四个点的坐标值，再进行计算。首先访问block表，得到街区的ID，然后通过ID在polygon表中找到街区相应的边界；接下来通过edge表找到与边关联的点，最后从point表中得到点的坐标，从而通过坐标计算周长。

因此采用传统的关系数据库存储空间数据时需要多个表进行级联，从而造成查询效率低下，出现这个问题的关键在于polygon不是内建数据类型，没有相关的操作，必须将其转换为传统数据类型。

采用全关系型数据库处理空间数据的第二种方式是将空间数据处理成大的二进制对象。比如Oracle、Sqlserver中的BLOB数据类型就属于大的二进制字段。GIS利用这种方式将图形数据当作一个二进制块交给关系型数据库管理系统进行存储和管理。这种管理方式虽然省去了大量关系连接操作，但是二进制块的读写效率要比定长的属性字段低得多，特别是涉及对象的嵌套时速度更慢。

3. 对象-关系数据库管理

由于直接采用通用的关系型数据库管理系统管理空间数据时效率不高，而非结构化的空间数据又十分重要，所以许多数据库管理系统对关系数据库进行扩展，通过添加空间数据管理的专用模块（见图5-3），使之能够支持空间对象的操作，并定义操作空间对象的API函数。比如oracle数据库推出的Oracle Spatial、PostgreSQL数据库的postGIS等均属于支持空间对象操作的扩展模块。传统的关系型数据库＋支持空间对象操作的扩展模块就构成了对象-关系型数据库。对象-关系型数据库支持点、线、面等几何类型的对象和由这些几何对象组合而成的集合对象。

对象-关系型数据库通过定义专门的空间对象类型及操作，解决了空间数据的变长记录的管理问题，其操作效率比前面采用的二进制块的管理要高很多。但是它仍然没有解决对象的嵌套问题，空间数据结构也不能由用户任意定义，使用上仍受到一定限制。

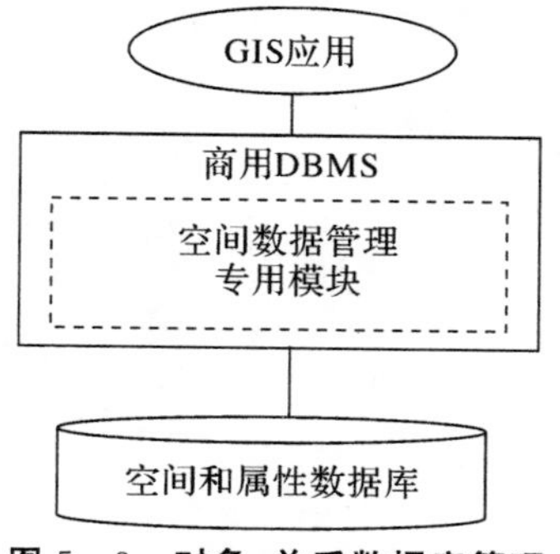

图5-3　对象-关系数据库管理

4. 面向对象数据库管理

采用面向对象数据库，所有的地物以对象形式封装，系统组织结构良好、清晰。理论上，面向对象数据库支持变长记录，支持对象嵌套、信息的继承与聚集，允许用户定义对象和对象的数据结构及操作，对象间可支持拓扑关系。然而，实际上目前的面向对象空间数据管理还不太成熟，价格也昂贵，在GIS领域还不通用。

5.3 空间数据的组织

空间数据的特征之一是其海量数据特征，要管理海量的空间数据，我们需要对其进行有效的组织。常见的空间数据组织方式包括分层组织、分块组织和多尺度组织。

5.3.1 空间数据的分层组织

将表示同一地理范围内众多地理要素和地理现象的空间数据采用不同的图层进行组织，这是一种起源于地图制图的空间数据组织方式。在分层数据组织中，图层可根据地理事物或地理现象的分类，按数据类型（矢量、栅格、影像等）、专题内容（theme）、要素几何类别（点、线和面）、时间次序等设定。

空间数据的分层组织是目前颇为普遍的数据组织方法，其优点是有利于用户根据实际需要，灵活地选择若干图层将其叠加组合在一起，构成数据层组或子集，进行分析和制图表达。分层数据组织既适合于栅格数据，也适合于矢量数据，是目前大多数GIS软件采用的数据组织方法。其缺点如下：一是层与层之间的数据必须经过层叠置（overlay）处理才能关联在一起，在叠置处理中，对栅格数据常需要大量存储空间来完成操作，而矢量数据则需大量的计算处理；二是同一图层内的图形数据的空间关系较为简单并易于处理，但不同图层之间的空间关系难以处理。

5.3.2 空间数据的分块组织

空间数据的分块组织是指当对大范围的空间数据进行存储和管理时，为了提高数据存储与管理的效率，可将空间数据所覆盖的区域范围分割为若干个块或分区，按块分别进行空间数据的组织，如图5-4所示。

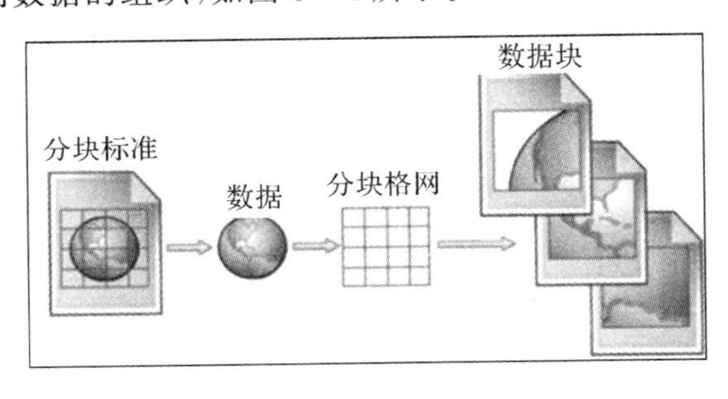

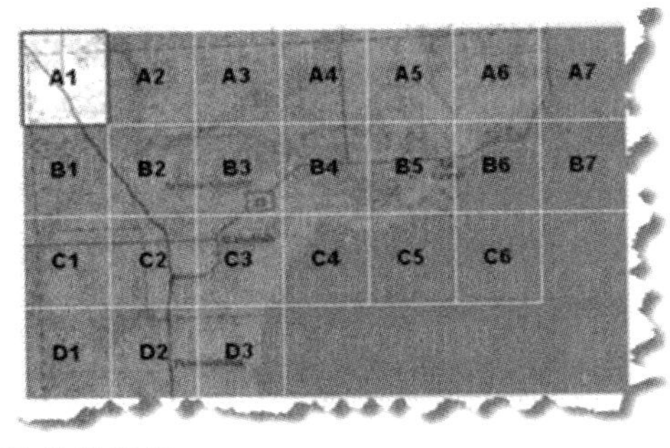

图5-4 空间数据的分块组织

分块组织的分块方式可以是按经纬线分块、矩形分块，或者按任意多边形分块。我们最常用的是按经纬线分块或者按矩形分块。我国8种基本比例尺地形图均以1:100万地图为基础，按规定的经差和纬差采用经纬线分幅或分块。对于大比例尺地形图，通常采用矩形分幅或分块，以纵横坐标的整千米或整百米数的坐标格网作为图幅的分界线。

采用分块方式来组织空间数据可以更好地保证数据的完整性，分块数据的某一块被破坏后不影响其他数据块。在实际进行空间数据组织时，分块与分层可以同时采用，即在每一分块范围内，空间数据仍可以分层。分块式数据组织的优点：一是便于数据库的维护，某一分块数据的更新不影响其他数据；二是能够提高空间数据查询分析的效率，通过分块组织空间数据，可以使相关操作只在某些分块数据上进行，从而提高效率。其缺点是割裂了跨多个分块的地理要素，如水系、道路等，给空间数据查询、分析操作造成障碍。

5.3.3　空间数据的多尺度组织

从理论上来说，在对现实世界的数字化表达中，不存在比例尺的概念，但从观察、理解及制图的角度来看，当涉及大范围区域时，往往需要从宏观到微观，以不同的层次细节来刻画地理要素，这就要求必须建立多尺度或多比例尺空间数据库。其目的主要有：①从空间数据可视化的角度考虑，提供变焦数据处理能力，即随着观察范围的缩小，GIS应能提供类别更多、数量更大和细节更详细的信息；②可根据不同的应用和专业分析的需要，提高满足不同精度要求的空间量算和空间分析能力。

多尺度空间数据库的构建途径主要有三种：①按比例尺的各个层级，实现分别构建多个比例尺的空间数据库，此为静态方式；②建立一个较大比例尺的空间数据库，而其他层次比例尺的空间数据则采用自动综合算法由该库动态地派生，这一方式也称为动态方式；③建立少量等级且比例尺跨度较大的空间数据库作为基本框架，对相邻比例尺的数据则采用自动综合方法予以生成，此为混合方式。后两种方式要求GIS应具有较高的自动综合能力，而自动综合至今仍是一个难题，所以第一种方式是当前主要的多尺度空间数据库构建方式。

在静态多比例尺空间数据组织中，首先按照地图比例尺的不同，如国家基本比例尺地图的比例尺，从1:100万到1:5 000，乃至城市的1:1 000和1:500，依比例尺序列组织具有不同层次细节的空间数据，每种比例尺的空间数据单独建库或构成子库。这种比例尺数据组织方式的优点是在应用中可根据用户的数据请求，由系统自动地调度相应比例尺的数据，实现从粗略到精细的数据查询和分析；其缺点是相同地理要素在不同比例尺数据库或子库中重复存储，存在很大的数据冗余，而且同一地理要素在各比例尺数据库中的表达存在不一致性且缺乏联系。

5.4　空间数据索引

空间数据索引就是指依据空间对象的位置和形状或空间对象之间的某种空间关系按一定的顺序排列的一种数据结构，其中包含空间对象的概要信息，如对象的标识、外接矩形及指向空间对象实体的指针。作为一种辅助性的空间数据结构，空间索引介于空间操作算法和空间对象之间，它通过筛选作用，排除了大量与特定空间操作无关的空间对象，从而提高空间操作的速度和效率。空间索引性能的优劣直接影响空间数据库和地理信息系统的整体性能，它是空间数据库和地理信息系统的一项关键技术。常见大空间索引一般是自顶向下、逐级划分空间的各种数据结构空间索引，比较有代表性的包括 BSP 树、R 树和 R＋树等。此外，结构较为简单的格网型空间索引有着广泛的应用。

5.4.1 格网型空间索引

格网索引的基本思想是将工作区域按照一定的规则划分成格网，然后记录每个格网内所包含的空间对象。在实际操作时，空间格网按照 Md 码（又称为 Peano 键）进行编码，Md 码又称为地址码，我们在栅格数据的四叉树编码中介绍过了 Md 码的编码方式。图 5－5 所示是 8 行 8 列格网的 Md 码，为了与直角坐标对应，这里的地址码是从左下角开始的，在栅格数据的四叉树编码中，地址码是从左上角开始的。只要已知格网的地址码编码值，就可以确定格网的位置区域。

21	23	29	31	53	55	61	63
20	22	28	30	52	54	60	62
17	19	25	27	49	51	57	59
16	18	24	26	48	50	56	58
5	7	13	15	37	39	45	47
4	6	12	14	36	38	44	46
1	3	9	11	33	35	41	43
0	2	8	10	32	34	40	42

图 5－5　8×8 格网的 Md 码

我们以图 5－6 为例，说明格网索引的建立和使用。

图 5－6 中有 A、B、C、D、E、F、G 7 个空间对象，根据他们在格网中的位置分别建立其格网索引，结果见表 5－5 和表 5－6。在这两个表中，表 5－5 是以 Penno 键索引空间对象，表 5－6 是空间对象对应的 Penno 键。表 5－5 第一行表示 Penno 键为 7 的这个格网有一个点对象 B，第二行表示 Penno 键为 14 的格网有一个空间对象 F，后面依次类推，没有包含空间对象的格网在索引表中不会出现，一个格网中含有多个地物，则记录多个对象标识。当用户进行空间查询的时候，首先确定查询的区域，然后计算查询区域覆盖了哪些格网，根据覆盖的格网，在表 5－5 中寻找对应的空间实体，这样一来就提高了空间查询的速度。

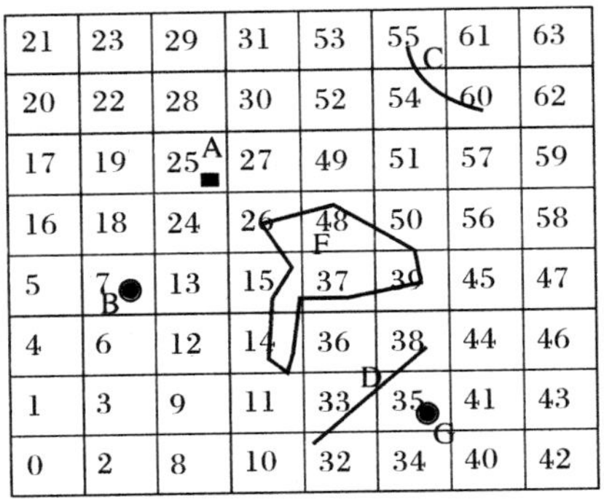

21	23	29	31	53	55	61	63
20	22	28	30	52	54	60	62
17	19	25	27	49	51	57	59
16	18	24	26	48	50	56	58
5	7	13	15	37	39	45	47
4	6	12	14	36	38	44	46
1	3	9	11	33	35	41	43
0	2	8	10	32	34	40	42

图 5－6　格网索引示意图

表 5－5　Penno 键索引空间对象

Peano 键	空间对象
7	B
14	F
15	F
25	A
26	F
32	D
33	D
35	D,G
37	F
38	D
39	F
48	F
50	F
54	C
55	C
60	C

表 5－6　空间对象索引 Penno 键

空间对象	Peano 键
A	25
B	7
C	54,55
C	60
D	34,33
D	35
D	38
F	14,15
F	26
F	37
F	39
F	48
F	50
G	35

5.4.2 BSP 树空间索引

BSP 树是一种二叉树，它每次将空间进行一分为二的划分，直到不能再划分为止。以图 5－7 为例，说明 BSP 树的建立。

在图 5－7 中我们先将整幅图对应的 H1 空间一分为二，分为左右两边 H2 和 H3 两个空间。H2 和 H3 都含有多个地物对象，它们还可以继续再分，将 H2 再划分一次，那么它就分成了 A 地物和 B 地物。对于 H3 再划分一次后，上面部分包含了地物 C，下面 H4 这部分划分为地物 D 和地物 E。这样数据就划分完毕，我们也建立了数据对应的 BSP 空间索引。BSP 树索引的思想比较简单，但是，如果数据中地物非常多或者地物分布比较破碎的话，BSP 树的深度就会非常大，导致搜索效率偏低。

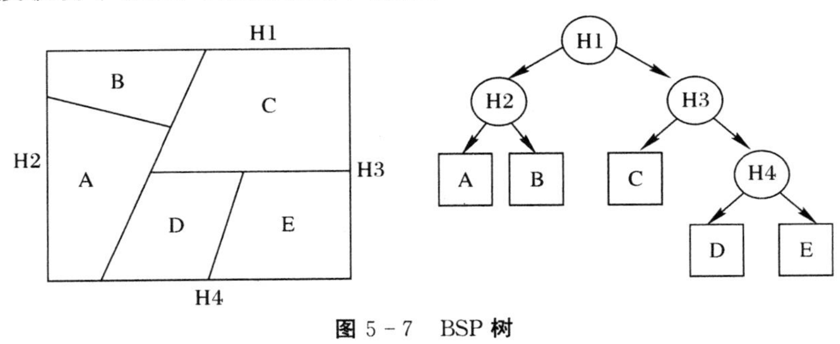

图 5－7　BSP 树

5.4.3 R 树空间索引

R 树空间索引方法是设计一些虚拟的矩形，将那些空间位置相近的目标包含在这个矩形内，一个对象只能被一个虚拟矩形所包含，以这些虚拟矩形作为空间索引，这些虚拟矩形还可以生成更大的虚拟矩形，那么就形成了多级的 R 树空间索引。需要注意的是，R 树索引中一个空间对象只能被一个虚拟矩形所包含，在构造虚拟矩形的时候，我们要尽可能让虚拟矩形包含更多的空间对象，同时虚拟矩形框之间的重叠要尽可能的少。

在图 5－8 中，有 A～H 这些空间对象，要生成 R 树，可以构造三个虚拟矩形框 X、Y、Z，其中 X 包含 A、B、C 对象，Y 包含 D、E 对象，Z 包含 F、G、H 对象，虽然 D 对象既出现在 X 的矩形框内，也出现在 Y 的矩形框内，但由于 R 树要求一个对象只能被一个虚拟矩形所包含，所以让它包含在虚拟矩形框 Y 里面，因为 Y 包含了全部的空间对象 D。当我们进行空间数据查询的时候，首先要判断哪些虚拟矩形落在检索窗口内，然后再判断哪些目标被检索，如果查询窗口落在虚拟矩形 X 内，只需要寻找 R 树的 X 分支，如果它落在 Z 的分支内，我们就去寻找 Z 分支，这样就起到了筛选作用。有一种情况，检索区域落在两个矩形框的重叠区域，比如说落在 X 和 Y 的重叠区域，那么这时候就涉及多路径搜索的问题，需要同时搜索 X 分支和 Y 分支，这样就会降低搜索效率。但是由于 R 树中一个对象只能被一个虚拟矩形所包含，所以 R 树空间数据的插入和删除比较容易，因为它只涉及一个分支的去修改它。

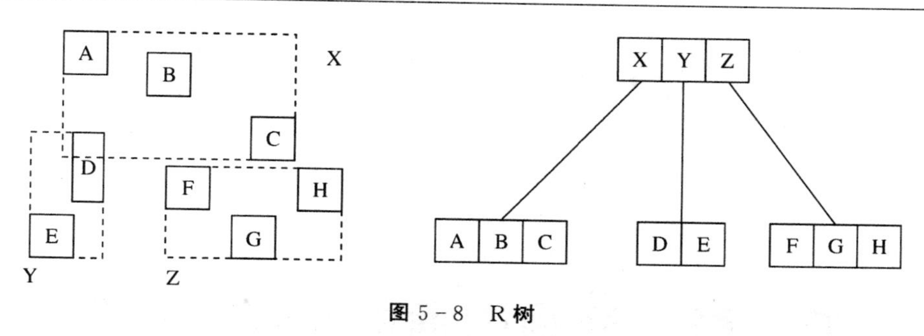

图 5－8　R 树

5.4.4　R+树空间索引

在 R 树索引里面，一个对象只能被一个虚拟矩形所包含，而且虚拟矩形之间是可以有重叠的，这样就会造成多路径搜索，从而影响效率。为了解决这个问题，可以采用 R+树空间索引，如图 5－9 所示。它是 R 树的改进，在 R+树里面，虚拟矩形框之间是没有重叠的，这时候我们允许一个对象同时被多个虚拟矩形所包含，比如图中的 D 对象，它既属于虚拟矩形 X，同时又属于虚拟矩形 Y，这样无论我们搜索 X 分支，还是搜索 Y 的分支，都可以找到空间对象 D，这样可以提高检索效率，但是因为对象 D 同时在 X 分支和 Y 分支，使得对象的插入和删除效率降低。因为要插入或删除一个对象，所以需要去修改所有包含它的虚拟矩形框的分支。

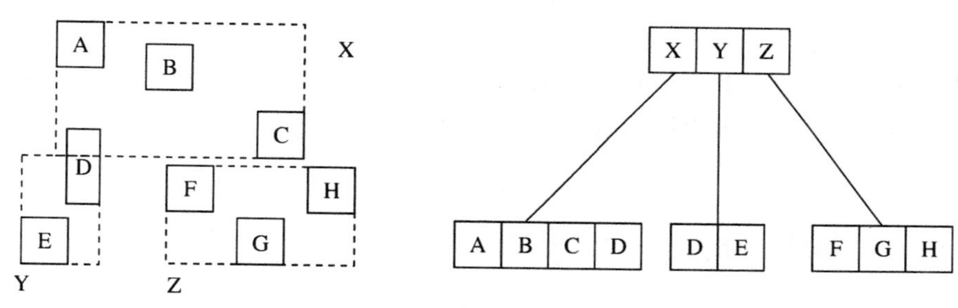

图 5－9　R+树

1. 空间数据主要有哪些特征？

2. 如何采用全关系型数据库存储空间数据？主要有哪些方法？

3. 对象-关系数据库进行了哪些扩展从而能够进行空间数据的管理？你所了解的对象-关系数据库有哪些？

4. 空间数据的分层组织有何优缺点？

5. 什么是空间索引？它有何作用？

6. 请简述一下格网索引的基本思想。

7. 如何建立空间数据的 R 树索引？

第6章　空间数据的采集与处理

地理空间数据获取与处理技术是地理信息科学的重要技术之一。地理信息获取与处理的核心是将野外调查数据、纸质地图、遥感数据、环境监测数据和社会经济统计等多种地理信息数据转换成地理信息系统所需要的数据产品。地理信息系统建设的首要任务是地理空间数据的获取与处理，同时地理信息的获取也是地理空间系统建设中最耗费资源的关键环节，同时获取到数据的精度也会直接影响地理信息产品的精度。

6.1　地理信息数据源

地理信息系统的数据源是多种多样的，并随地理信息系统功能的不同而不同，主要包括以下几种：①纸质地图；②遥感影像数据；③统计数据；④实测数据；⑤数字数据；⑥各种文字报告和立法文件等。

6.1.1　实地测量数据

野外测量数据是通过卫星定位技术、三维激光扫描仪和全站仪等现代测量设备为技术核心，通过测量手段测量地球表面现有的具有特征地形地物以及地块边界来获取能够反映地球表面现状的图形和位置数据。将采集的数据通过地理信息处理软件进行处理及后续的专业编辑，继而可以获得高精度的地理信息数据，这些高精度的地理数据可以为地理信息系统提供准确的数据资料。实地测量数据一般具有精度高、现势性强等优点。

野外实测数据一般常用于大比例尺测图，但是这种实地测量方法由于测量成本高、人力物力耗费大，因此一般只用于局部区域地理信息数据更新。

6.1.2　地图数据

纸质或电子地图是现代地理信息系统的主要数据源。纸质地图是地理数据的传统描述形式，大量的地形地物都蕴含在地图中，地图不仅包含实体的类别和属性，而且还能够很好地表现出真实地物之间的空间关系，在地图上可以用各种不同的符号来加以识别和表示实体的类别或属性。

地图按照内容要素来分，主要分为三种：普通地图、地形图和专题地图。普通地图在表示地面上主要的自然和社会经济现象的地图时用同等详细程度来表示，这样可以比较全面地反映出制图区域的地理特征。地形图是指国家基础地理信息，它是按照统一的规范和符号系统测（或编）制的。地形图按照比例尺来表示各种地理地物，大比例尺的地形图有较高的几何精度，能够满足社会基础建设的精度需求，可以为其他专题地图提供原始资料，同时也是国家各项建设的基础测绘资料。专题地图与普通地图不同，主要是根据任务的需求不同着重表示一种或几种自然、社会经济现象的地理分布，或强调表示这些现象的某一方面特征的地图。专题地图根据服务对象的不同，主题也不同，种类众多。

6.1.3　遥感影像数据

近些年，由于卫星技术的快速发展，遥感数据成为地理空间信息获取的主要手段之一。遥感影像数据主要指通过卫星、航天获取的影像数据，它是一种大面积的、动态的、近实时的数据源，能快速、准确地获取大面积的、综合的各种专题信息。但是每种遥感影像都有其自身的成像、变形规律，在使用时应该注意影像的纠正及分辨率、影像的解译特征等方面的问题。目前遥感影像数据已经广泛应用于地球资源普查、植被分类、土地利用规划、农作物病虫害和作物产量调查、环境污染监测、地震监测等各个方面。

6.1.4　统计数据

统计数据是统计国家建设中能够反映国家经济发展、工业发展及与之相联系的其他资料的数据，它也是 GIS 的数据源之一，尤其是一些客观属性数据的重要来源。

统计数据资料众多，在地理信息系统中是通过利用地理信息软件来整合海量数据，继而得到有价值的信息，进一步为其他发展提供有力的信息保障能力。

6.1.5　共享数据

在大数据时代，数据共享能够有效地提高一个地区或一个国家的信息发展水平。数据共享程度越高，该地区的信息发展水平就越高。但是要实现数据共享共建，首先在行业内需要建立一个合理的标准及格式，这样每一个用户既能有效地利用共享数据，又能参与共建数据库。当今我国正处于大数据时代，共享数据也在蓬勃发展，制定出了国家的空间数据交换标准，这将对我国地理信息产业的发展产生积极影响。其次，要做到真正的数据共享，还应该建立数据版权保护、产权保护等规章制度。

6.1.6　多媒体数据

多媒体数据包括文本、图形、图像和声音等，是对常规属性数据的补充。多媒体数据是 GIS 数据源之一，目前其主要功能是辅助 GIS 的分析和查询，可通过通行口传入 GIS 数据库中。

6.2 数据采集

在地理信息系统中,数据采集主要是通过各种测绘技术,例如野外测量技术、遥感影像采集等渠道收集数据的过程。数据主要分为两大类:空间数据和属性数据,这同时也是地理信息系统的基础数据。空间数据和属性数据虽然采集过程有很多不同,但是原理都是类似的。空间数据采集主要有野外实测、纸质地图矢量化等传统的测量方法,不过近些年无人机摄影测量、三维激光扫描和遥感图像处理等方法得到了快速的发展,大大解放了测绘人员的双手,成为测绘人员进行测量测绘的主要手段。属性数据采集包括采集的过程及采集后的分类和编码。属性数据主要是从相关部门的观测和测量数据、各类统计数据、专题调查数据、文献资料数据等渠道获取。

6.2.1 空间数据采集

1.野外数据采集

(1)全站仪法数据采集。

随着科学技术的不断发展,由光电测距仪、电子经纬仪、微处理仪及数据记录装置融为一体的电子速测仪(简称全站仪)正日臻成熟,逐步普及。这标志着测绘仪器的研究水平、制造技术、科技含量、适用性程度等都达到了一个新的阶段。

全站仪能自动地测量角度和距离,并能按一定程序和格式将测量数据传送给相应的数据采集器。全站仪自动化程度高、功能多、精度好,通过配置适当的接口,可使野外采集的测量数据直接进入计算机进行数据处理或进入自动化绘图系统。与传统的方法相比,其省去了大量的中间人工操作环节,使劳动效率和经济效益明显提高,同时也避免了人工操作、记录等过程中差错率较高的缺陷。

全站仪的生产厂家很多,主要的厂家及相应生产的全站仪系列有瑞士徕卡公司生产的TC系列、日本TOPCN(拓普康)公司生产的GTS系列、索佳公司生产的SET系列、宾得公司生产的PCS系列、尼康公司生产的DMT系列及瑞典捷创力公司生产的GDM系列。我国南方测绘仪器公司20世纪90年代生产的NTS系列全站仪填补了我国的空白,正以崭新的面貌走向国内、国际市场。

全站仪数据采集的一般流程如下。

数据采集准备工作:首先,在数据采集之前需要对全站仪进行参数的调试,例如测量模式、数据格式等的设置;然后需要检查全站仪内存空间是否足够本次测量,把其他无用的数据文件进行清理;在采集数据前,还需要把本次任务的图根控制点坐标导入全站仪内,便于外业测量。

数据采集的操作步骤:

1)在采集数据前,需要先整平仪器。仪器架站在测站点后,需要进行对中和仪器整平,整平后按下仪器电源开关,转动望远镜,使全站仪进入观测状态。

2)在测量前,需要输入数据采集文件名。输入的数据采集文件名应与内业输入控制点坐标的文件名相同。数据采集文件名称应该便于记忆和识别本次任务。

3)定向。在碎步测量前,需要先进行定向。定向主要分为测站定向、后视定向及定向检查。测站定向主要是输入当前测站的三维坐标及仪器高;后视定向是在照准后视点后,输入后视点坐标和方位角;定向检查则是在后视定向完成后,测量另一已知控制点或后视点的三维坐标,以检验定向是否准确。

4)碎部点测量。完成定向后,点击 F4 进行碎部点测量,按 F1 键就开始碎部点测量。首先需要照准目标(棱镜),依次输入点号、编码、目标高(镜高),然后选择测量方式,开始测量、记录。

(2)RTK 法数据采集。RTK 数据采集是使用差分全球定位系统进行测量的过程。在进行工作前,首先需要对仪器和手簿进行正确的设置才能够得到正确的结果。一般常采用以下步骤:

1)前期准备。首先需要确定测区及周围的地形地貌,了解任务要求和精度要求。配置测量设备,并确保其正常工作。

2)设置基准站。基准站是一个已知坐标的参考点,用于提供实时差分数据。基准站的架设包括 GPS 天线和电台天线的安装,以及 GPS 天线、电台天线、基准站接收机、数传电台、蓄电池之间电缆线的连接。在测量区域附近选择一个适当的位置,安装并设置基准站设备。架设时,对于电台模式,发射天线要远离 GPS 接收机 3 m 以上,并注意各个脚架的稳固性,避免被大风刮倒。基准站的位置要选择视野开阔的地方,确保基准站与测量设备之间有良好的通信。同时基准站应选择在易于保存的地方,以便日后的应用。基准站系统设置,首先需要设置本次项目名称、单位、坐标系统、投影带和转换参数等信息。基本设置完成后,需要输入基准站的坐标。以上设置完成后,可通过电子手簿启动基准站,并通过电台发送差分数据。

3)移动站设置。移动站是用来采集目标区域数据的设备。在测量之前需要建立项目和坐标管理系统。根据任务要求,建立工作项目名称、单位的选择,坐标系统管理(与基准站设置一致)。移动站的设置频率应该设为与基准站发射频率相同。电子手簿的作业方式应该选择 RTK 作业方式。

4)使用 RTK 流动站测量地形点。在测量区域进行数据采集。移动站设置完毕后,使用电子手簿启动移动站,如果无线电和卫星接收正常,这时流动站开始初始化,手簿显示为固定解后,才可以进行测量工作,浮点解的测量精度比较低,不符合要求。

5)数据传输和处理。将采集到的数据从移动站传输到计算机或其他设备进行后续数据处理。可以通过数据接口、数据线传输,也可通过无线传输。

2. 地图数字化

地图数字化(map digitizing)实质是在一定的软硬件支持下把纸质模拟地图转变为具有特定数据结构的数据文件,以便计算机处理。它是将地图图形或图像的模拟量转换成离散的数字量的过程。我们把这一过程叫作纸质地形图的数字化,简称地图数字化或原图数字化。

地图数字化主要有手扶跟踪数字化和扫描数字化。

(1)跟踪数字化。跟踪数字化是一种地图数字化方式,是通过纪录数字化板上点的平面坐标来获取矢量数据的。利用手扶跟踪数字化仪可以输入点地物、线地物以及多边形边界的坐标。扫描数字化的原理是将图纸通过扫描仪,获得栅格图像数据后,再将其转换成矢量图形数据,以便于输出到各种设备或者转成其他的数据格式。而且其对计算机的要求也不是太高,一般的计算机都可以胜任。

(2)地图扫描数字化。在地形图的扫描前,要进行扫描仪初始化,并进行预扫,将各扫描参数调到最佳状态,从而使图像达到理想的效果。经成功扫描后所得的图像,为使其文件较小,可将其存为 *.jpg 文件格式,这样就完成了地形图的栅格式数字化。基本步骤如图6-1所示。

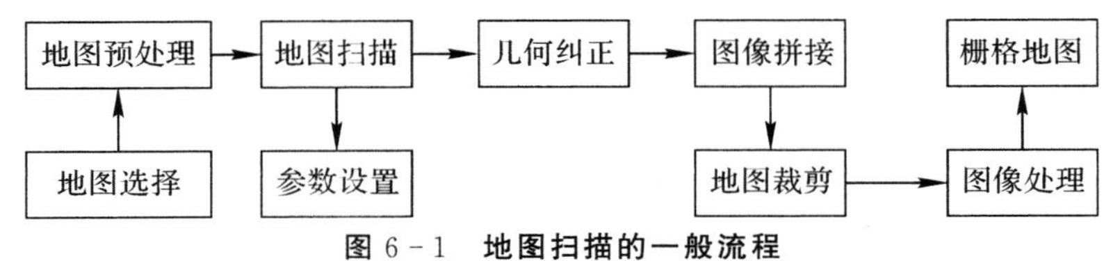

图 6-1　地图扫描的一般流程

1)数字化地图选取。为使扫描后图像达到满意的效果,在扫描前要整理好图幅。尽量使图面清洁,检查内图廓线是否光滑、清晰,否则应重描内图廓线,从而使在以后纠正处理时,能准确地找到图廓控制点。

2)地图预处理。由于图纸在扫描过程中总存在系统误差和偶然误差,比如由于图纸本身的横纵方向不等比例收缩、图纸摆放方向与扫描方向存在角度偏差、扫描滚筒在扫描过程中产生位移等,因此在图像矢量化前必须对其进行伸缩改正和图片倾斜改正,甚至有时须对图像进行重新拼接,从而使图像达到满意的效果。图像的纠偏及改正是一项十分复杂的工作,但这都可以通过图像处理软件及软件包来轻松实现,目前比较好的软件有 Photoshop、Geo-scan 以及 AutoCAD 等。

a. 二值化。图像的二值化处理就是将图像上的点的灰度值设为 0 或 255,也就是使整个图像呈现出明显的黑白效果。即将 256 个亮度等级的灰度图像进行适当的阈值选取而获得仍然可以反映图像整体和局部特征的二值化图像。在数字图像处理中,二值图像占有非常重要的地位,特别是在实用的图像处理中,以二值图像处理实现而构成的系统是很多的,要进行二值图像的处理与分析,首先要把灰度图像二值化,得到二值化图像,这样在对图像做进一步处理时,图像的集合性质只与像素值为 0 或 255 的点的位置有关,不再涉及像素的多级值,使处理变得简单,而且数据的处理和压缩量小。

b. 二值图平滑。图像平滑是指用于突出图像的宽大区域、低频成分、主干部分或抑制图像噪声和干扰高频成分,使图像亮度平缓渐变,减小突变梯度,改善图像质量的图像处理方法。对于二值图像,噪声表现为目标周围的噪声块和目标内部的噪声孔,可用中值滤波来消除。

c. 二值图细化。细化是一种图像处理运算,对图像的细化过程实质是求该图像骨架的过程,常用的细化算法有查表细化和逐层剥取细化。

3. 三维激光数据采集

三维激光扫描技术又称为实景复制技术,利用激光测距原理,通过高速激光扫描测量方法，大面积、高分辨率地获取被测对象表面的高精度三维坐标数据以及大量空间点位信息，可以快速建立高精度(精度可达毫米级)、高分辨率的物体真实三维模型以及数字地形模型。三维激光扫描技术是测绘领域的又一次新技术革命。相较于传统二维平面图纸的抽象表示，三维激光扫描技术可以直观反映真实世界的本来面目，已经成为当前研究的热点之一，并在文物保护、土木工程、测绘测量、自然灾害调查、城市地形可视化、城乡规划等领域有广泛的应用。三维激光扫描系统按照传感器搭载平台可以划分为固定式激光扫描系统、机载激光扫描系统、车载激光扫描系统和手持型激光扫描系统等。

机载激光雷达技术已经成为一种新型的探测手段，它可以直接获得目标三维坐标，具有主动性强、探测精度高、工作周期短等优点。机载激光扫描数据的获取涉及以下内容。

(1)资料收集。在进行三维激光扫描测量前，首先需要收集待测区域的地形图以及一些影像数据等资料，还需要对三维激光扫描仪的机载激光雷达测量设备参数、航摄仪检校文件等进行核对。

(2)航线设计。做好准备工作之后，需要对研究区域的航线进行划定。我们在规划航线时必须综合考虑成图的比例尺、研究区域的地形高差、机载平台的速度、激光发射能量和频率等多种因素。在规划航线时一般要求在 WGS84 坐标来进行航线设计，如果研究区域缺乏原始地图影像资料，可以利用在线卫星地图中的影像数据对原始扫描地形图进行纠正，从而将地形图转换到 WGS84 坐标系下。

(3)系统检校。用检校场方法或高程改正面方法对机载激光雷达点云扫描数据进行改正。采用检校场方法进行改正时，检校场布设应符合相关国家标准的要求。一般来说，机载激光扫描系统在使用之前需要进行严格的系统检校。激光扫描仪的系统检校是采用严格的物理模型来描述各项系统误差对激光点坐标的影响，通过平差直接解算系统误差项。

(4)地面 GNSS 基站。对数据精度影响最大的因素就是地面 GNSS 基站。因此，需要在研究区域每隔 25 km 就布设一个地面基站，采样数据时间间隔不超过 2 s。

(5)观测条件。机载激光扫描数据时，观测条件也是影响数据质量的一个因素，包括研究区域的地形地貌特征、观测期间天气状况、测区植被覆盖程度等。如果测区的地形起伏过大，则机载激光扫描仪在扫描过程中很难对地面均匀采样。大云大雾天气作业时，激光扫描仪很难获取到良好的数据。若测区植被茂密、覆盖度高，也会影响后续数据产品的质量。

(6)采集数据。在飞机起飞前 30 min，将地面基准站上 GPS 接收机打开，在飞行到测区之前，将 POS 系统打开，并静止一段时间，继而按“8”字形飞，在飞完后进行 5 min 的直飞，从而保证 POS 系统能够处于最佳的工作状态，然后开始数据的采集。在进行数据采集时，飞机可以按照设计航线进行自动飞行，相机和扫描仪、POS 系统根据设置的参数来采集数据。采集完数据之后再依次直飞 5 min、倒“8”字形飞、静止几分钟，并关掉 POS 系统，地面 GPS 接收机在飞机关掉 POS 系统之后的 30 min 再关掉。

假如机场离测区比较远，在采集测区数据前后就不用飞倒“8”字形。总而言之，在数据采集之前，POS 系统要保证处于良好工作状态。

(7)数据处理。Lidar 数据包含许多类型，比如植被、房屋建筑、地表等，假如要对 DTM(数字地形模型)提取，就必须要分离开地表点和非地表类型点，也就是说要对其进行数据分类。目前 Lidar 数据点滤波的方法很大一部分都是基于三维激光数据脚点中的高程突变信息来进行的，概括来说主要有基于地形坡度滤波法、迭代线性最小二乘内插法、窗口移动法和移动曲面拟合法等。

Lidar 数据通常首先剔除噪声点，包括折射等一些会造成高程异常的点，然后采用专业软件进行适合的参数设置。Terra Scan 软件是处理地面激光雷达数据或者机载的通用软件包，根据窗口移动法来分类提取地面点。

(8)坐标转换。利用 POS 的动态定位计算出的激光点坐标属 WGS84 坐标体系，而大多测区采用地方坐标系，所以要通过坐标转换来获取最终的成果。坐标转换包含两个方面：正常高转换与平面坐标体系的转换。平面坐标体系转换通常情况下通过联测地方坐标，用七参数法转换得到；正常高转换则是根据测区的高程控制点拟合的，是通过大地水准面计算而得到的。

4. 摄影测量

摄影测量拍摄的航空相片是我国地理信息重要的数据来源之一。我国大部分的大比例尺测图都是依赖摄影测量的技术完成的。近年来，无人机倾斜摄影测量等新技术的发展，进一步丰富了空间数据获取的方式，极大地提升了数据获取的能力。

(1)摄影测量原理。数字摄影测量是以立体数字影像为基础，由计算机进行影像处理和影像匹配，自动识别像点及其坐标，运用解析摄影测量的方法确定所摄物体的三维坐标，并且输出数字高程模型 DEM、正射影像和带等高线的正射影像图等。

(2)数字摄影测量的数据获取流程。摄影测量主要包括检校场构建及飞行任务的制定和实施。拍摄任务制定完成后，为了提高精度，在飞机进入和离开作业区域或者拍摄任务中对检校场区域进行单独拍摄。随着卫星技术和惯导技术的发展，定位定姿系统辅助航空摄影测量技术逐渐成熟，已通过理论证明了在定位定姿系统辅助航空摄影测量技术的辅助下只需要通过少量控制点甚至不需要控制点就可以进行空三加密。有一些小比例尺测图，由于不需要对精度要求很高，所以在测区内不需要进行控制点的布设，可以在高精度的公开影像上选择合理的控制点进行校正，基本也能满足需求。

(3)倾斜摄影测量。随着无人机技术的飞速发展，测绘领域的倾斜摄影技术也得到了长足的发展，它颠覆了之前正射影像只能从垂直角度拍摄的局限，通过在一个飞行云台上搭载可拍摄多角度的多镜头照相机，同时从一个垂直、四个倾斜等五个不同的角度采集影像，不仅提高了数据采集效率，而且能获得不同的多角度影像，可以让用户获得全方位的视觉体验。倾斜影像技术的快速发展，在我国智慧城市、智慧校园中应用非常广泛。由于无人机硬件快速发展，三维建模成本得以大大降低。倾斜影像为用户提供了更丰富的地理信息、更友好的用户体验及低廉的成本，该技术目前在欧美等发达国家已经广泛应用于应急指挥、国土安全、城市管理、房产税收等行业。由于 3D GIS 应用数据量非常庞大，倾斜摄影技术数据量小、易于发布、影像格式多样，能适合其他三维建模软件的进一步分析利用，实现共享应用。目前来说，倾斜摄影主要应用于互联网地图及替代传统手工三维建模。

传统人工三维建模通常使用 3dsMax、AutoCAD 等建模软件，基于影像数据、CAD 平面图或者拍摄图片估算建筑物轮廓与高度等信息进行人工建模，与之相比，倾斜影像无人工干预，通过专业实景建模软件自动建模，大大降低了三维模型数据采集的经济代价和时间代价。

倾斜摄影测量关键技术主要体现在影像预处理、几何处理、多视匹配、三角网构建、自动赋予纹理等步骤，最终得到三维模型。倾斜摄影测量关键技术及基本处理流程如图6-2所示。

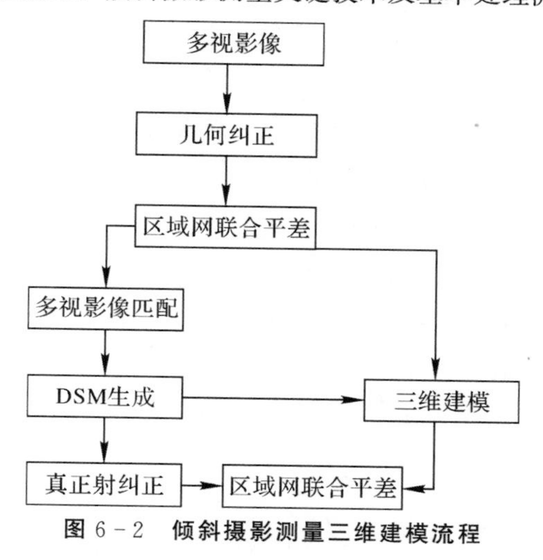

图6-2　倾斜摄影测量三维建模流程

5.遥感图像处理

遥感图像是通过各种遥感技术所进行的数据采集。一般是使用飞机或人造资源卫星上的仪器，从远距离探查、测量或侦查地球（包括大气层）上的各种事物和变化情况，对所探测的地质实体及其属性进行识别、分离和收集，以获得可进行处理的源数据。遥感数据采集所获得的数据量很大，必须用计算机系统中专门的应用系统进行处理，通过信息的传输、储存、修正，识别目标物体，最终实现定位、定性、定时、定量等功能。

遥感数字图像一般会以一个二维数组来表示，包括位置和灰度两个属性。在数组中，每一个像元都用一个二维数组来表示，像素的坐标位置隐含，它其实就是由这个元素在数组中的排列位置来决定的。元素的值表示传感器探测到像素对应目标物的电磁辐射强度，采用这种方法，可以将地球表面一定区域范围内的目标地物信息记录在一个二维数组（或二维矩阵）中。

对于单色也就是灰度图像来说，每一个像素的亮度用一个数值来表示，通常来说数值范围在0～255之间，即0表示黑、255表示白，而其他则表示灰度级别。彩色图像则可以用红、绿、蓝三元组的二维矩阵来表示。对于不同类型的遥感数据，采用多手段、多技术来处理，以改善影像的密度、纹理和色调信息，提高影像的可解译精度和质量。遥感数据的处理内容主要有图像变换、图像压缩编码、图像的增强和复原、图像分割、图像描述等。

一般来说，遥感数字图像处理包括图像预处理和图像增强处理。遥感影像的预处理包括遥感数据的输入输出、多波段彩色合成处理、辐射校正处理、几何精校正处理、镶嵌处理、裁切处理等。影像增强处理则包括影像信息提取的所有处理过程。

6.社会经济与普查数据

社会经济数据是GIS的主要数据源之一。很多政府统计部门和研究机构都有不同领域(如人口、自然资源、国民经济等方面)的大量统计资料。这些数据是地理信息系统中属性数据的重要数据源。统计数据一般都是和一定范围内的统计单元和观测点联系在一起的,例如降雨数据,就是区域内的气象观测点采集的该区域内的降雨等气象数据。因此,在采集这些数据时,要注意包括研究对象的特征值、观测点的几何数据和统计资料的基本统计单元。

当前,在很多部门和行业内,信息化程度已经普遍提高,除了传统的表格外,大多数部门和行业都已经建立起数据库,数据的建立、传送、汇总已经普遍使用计算机。

7. 时空大数据采集

时空大数据是指对规模巨大的时间和空间数据进行关联分析。比如 GPS 数据,首先有定位点,定位点就是空间的属性,进入的时间就是时间的属性,网约车的订单数据,就有当时的时间和空间,也是时空大数据典型的例子。由于交通行业的数据与时间和空间有着极其紧密的联系,时空大数据在交通研究与应用领域十分普遍,我们称为“交通时空大数据”。

6.2.2 属性数据的采集

地理信息系统中除了空间数据,还有一类数据叫属性数据,它是地理空间实体相关联的属性数据,是地理信息系统的一个重要组成部分。

属性数据用于描述地理实体的特征、属性和属性值的数字信息,分为定性和定量两种。属性数据是地理信息系统中空间数据和非空间数据的重要补充。定性的属性数据包括名称、类型、特性等,如土地利用现状、岩石类型、行政区划、某些土壤性状等;定量的属性数据包括数量和等级,如一条河流的长度、流域面积,一个人口点的人口数量等。

属性数据与空间数据相结合,可以帮助我们更好地理解地理实体之间的关系、趋势和变化。通过属性数据,我们可以进行空间查询、统计分析、空间关系分析等,从而洞察地理现象的内在规律。例如,利用人口数据可以分析人口分布的密度和趋势,根据道路属性可以规划交通路线。

1. 属性数据的来源

属性数据获取的方法多种多样:①摄影测量与遥感影像判读获取;②实地调查或研讨;③其他系统属性数据共享;④数据通信方式获取。

2. 属性数据的分类

属性数据根据其性质可分为定性的(类别、级别)属性、定量的(数量、测量)属性和时间属性。

(1)定性属性是描述实体性质的属性,例如道路的名称、道路的类型、人口的类别、道路等级等属性。

(2)定量属性是量化实体某一方面量的属性,例如道路宽度、河流长度、人口数量、性别比例等属性。

(3)时间属性是描述实体时态性质的属性。

注:次属性也可单独作为描述空间实体的一个方面提出,如空间数据可分为几何数据、

属性数据、时态数据。

根据我国国家地理信息分类和代码，一般将地球表面的自然和社会基础信息分为 9 个大类，分别为测量控制点、水系、居民地、交通、管线与垣栅、境界、地形与土质、植被和其他类，在每个大类下又依次细分为小类、一级和二级类。

3. 属性数据的编码

属性数据的编码是为了识别地理要素的不同属性而设置的，编码时应该考虑地理要素的通用性、系统一致性、标准化等原则。编码应该包括编码的长度、码位长度和码位格式等，编码时应该选择易于被计算机或人识别与处理的符号，注重编码的系统性和科学性。

4. 代码结构

如图 6－3 所示，分类代码采用 6 位十进制数字码，分别为按数字顺序排列的大类、中类、小类和子类码，具体代码结构如下。

(1)左起第一位为大类码；

(2)左起第二位为中类码，在大类基础上细分形成的要素类；

(3)左起第三、四位为小类码，在中类基础上细分形成的要素类；

(4)左起第五、六位为子类码，在小类基础上细分形成的要素类。

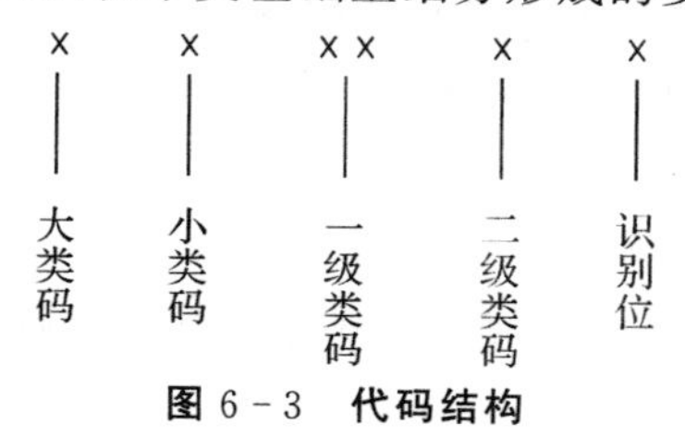

图 6－3　代码结构

6.3　数据编辑与拓扑关系

6.3.1　数据编辑

数据编辑又叫数字化编辑，它是指对地理信息系统中的空间数据和属性数据进行数据组织、修改。数字化编辑是地理信息系统中最基础的功能，其主要目的是在改正数据差错的同时，相应地改正数字化资料的图形。

数据编辑根据数据的格式类型不同，又分为矢量数据编辑和栅格数据编辑。数据编辑是进行交互处理，主要包括图形数据编辑、属性数据编辑等。数据编辑是数据处理的主要环节，并贯穿于整个数据采集与处理的过程。

1. 图形数据编辑

图形数据编辑就是通过特定的技术手段对数据进行处理和编辑。在空间数据采集过程中，图形数据错误主要是人为造成的，如制图人员在进行数字化的过程中，出现了手抖或者是前后两次的纸张发生了移动，导致不能完全精准的定位。常见的错误包括空间点位不正确、变形、空间点位和线段的丢失或重复、线段过长或过短、面域不封闭等。此外，在数字化后的地图上，经常出现的错误有以下几种：

(1)伪结点：当一条线没有一次录入完毕时，就会产生伪结点。伪结点会使一条完整的线变成两段。

(2)悬挂结点：当一个结点只与一条线相连接，那么该结点称为悬挂结点。悬挂结点有过头和不及、多边形不封闭、结点不重合等几种情形。

(3)碎屑多边形：碎屑多边形也称为条带多边形，由于前后两次录入同一条线的位置不可能完全一致，就会产生碎屑多边形，即由于重复录入产生的。另外，当用不同比例尺的地图进行数据更新时也可能产生。

(4)不正规多边形：在输入线的时候，点的次序倒置或者位置不准确会引起不正规多边形。在进行拓扑关系生成时，会产生碎屑多边形。

上述这些错误一般会在建立拓扑关系的过程中发现。

2.属性数据编辑

属性数据是空间实体的特征数据，属性数据的检校有两个方法：一是需要核查图形数据与属性数据是否连接有误，同一实体的唯一标识符是否一致；二是核查属性数据是否完整，是否有数据输入不全、遗漏或者是内容重复等问题。

属性数据的检核很难，常用的最简单的方法就是用打印机输出属性文件，逐行检核。

6.3.2 拓扑关系

在图形修改、编辑完成后，就需要对图形要素进行拓扑检查，大多数的地理信息系统软件都具有拓扑检查的功能。

1.点线拓扑关系的建立

点与线之间建立拓扑关系的实质是建立一个关系表格，包含结点-弧段、弧段-结点。点线拓扑关系有两种方案：

(1)第一种在数据采集时系统自动建立，其中需要记录两个文件，一个是与结点关联的弧段，也就是结点-弧段列表，另一个是弧段的两个端点(起始结点)的列表。数字化的时候自动判断新的弧段周围是否已存在结点。

(2)第二种是图形采集与处理后再建立其拓扑关系。

2.多边形拓扑关系的建立

多边形有三种情况：①独立多边形，一般是用来表示独立的地物，它与其他多边形没有共同边界，如独立水塘，这种多边形可以在数字化过程中直接生成，因为它仅有一条封闭的弧段，该弧段就是多边形的边界；②具有公共边界的简单多边形，在数据采集时，仅采集边界弧段数据，然后用一种算法自动将多边形的边界聚合起来，建立多边形文件；③第三种是带岛的多边形，除了要按第二种方法自动建立多边形外，还要考虑多边形内的多边形(也称作内岛)。以第二种情况为例，讨论多边形自动生成的步骤和方法。

建立多边形拓扑关系是矢量数据自动拓扑关系的关键部分，首先进行链的组织，找出链的中间相交而不是端点相交的情况，自动切成新链。接着进行结点匹配，结点匹配是把一定限差内的链的端点作为一个结点，其坐标值取多个端点的平均值，然后对其进行编号，并代替原来各弧段的端点坐标。

然后建立结点-弧段拓扑关系。在结点匹配的基础上，对产生的结点进行编号，并产生两个文件表，一个记录结点所关联的弧段，另一个记录弧段两端的结点，如图 6－4 所示。

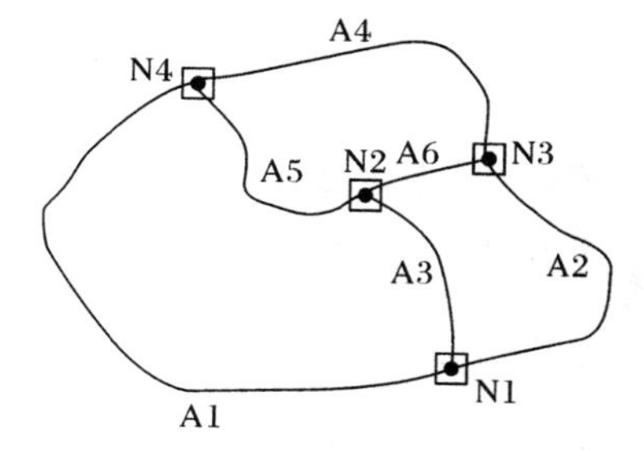

ID	关联弧段
N1	A2，A3，A1
N2	A6，A5，A3
N3	A4，A6，A2
N4	A4，A1，A5

ID	起结点	终结点
A1	N1	N4
A2	N1	N3
A3	N1	N2
A5	N4	N2
A6	N2	N3

图 6－4　结点与弧段拓扑关系的建立

最后检查多边形是否闭合。检查多边形是否闭合可以通过判断一条链的端点是否有与之匹配的端点来进行，并将弧段关联的左右多边形填入弧段文件中。建立多边形拓扑关系时，必须考虑弧段的方向性，即弧段沿起结点出发，到终结点结束，沿该弧段前进方向，将其关联的两个多边形定义为左多边形和右多边形。

6.4　数学基础变换

同一个地理信息系统的空间数据由于数据之间具有空间关系，所以空间数据必须处于同一个空间系统下，包括坐标系统、地图投影等。纸质地图由于纸张变形或扫描技术的原因得到的图像数据和遥感影像数据往往都会有变形，与实际地表情况不符，需要对这些变形数据进行校正。由于地理信息系统包含大量不同数据源的数据，它们的数据空间坐标系统或投影方式不同，在一个地理信息系统中，需要对其进行数据变换，使它们具有统一的空间参照系统。

6.4.1　几何纠正

由于如下原因，使扫描得到的地形图数据和遥感数据存在变形，必须加以纠正：①地形图由于时间原因，纸张拉伸或压缩变形或者扫描仪的尺寸限制导致纸质地图需要分幅扫描，引起了扫描地图的误差；②在扫描过程中，操作员使用扫描仪扫描发生一些误操作；③遥感影像由卫星搭载的相机拍摄而产生变形；④地图投影方式不同，需要重新投影校正。

1. 地形图纠正

地形图数据目前是地理信息系统的主要数据来源，获取数据的主要方式就是对纸质地图进行扫描矢量化。但是，由于纸张容易受湿度、温度等因素的影响，会发生不规则、不均匀的变形拉伸。变形的不均匀导致纸质地形图扫描数据与实际的地图坐标不一致，必须对其进行校正才能使用。

2. 遥感影像的纠正

遥感影像的纠正就是校正成像过程中造成的各种几何畸变(见图 6-5),几何纠正包括几何粗校正和几何精校正。由于相机等原因造成影像畸变,这时候需要对影像数据进行粗校正,我们得到的卫星遥感数据一般都是经过几何粗校正处理的。几何精校正是利用地面控制点进行的几何校正,并通过数学模型对标准图像和畸变的遥感图像之间的一些控制点或特征点来确定几个几何畸变模型,然后利用此模型进行几何畸变的校正,这种校正不考虑畸变的具体形成原因,而只考虑如何利用畸变模型来校正遥感图像。

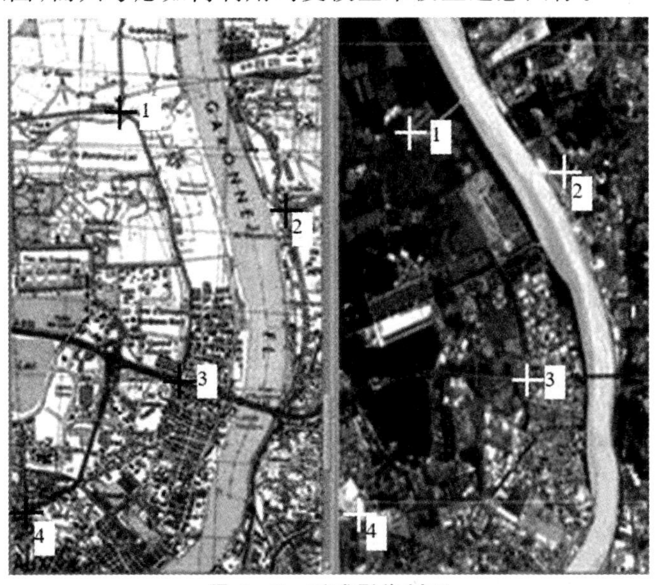

图 6-5 遥感影像纠正

6.4.2 坐标变换

坐标变换是描述空间对象的位置信息,是通过一个变换矩阵从一种坐标系统变换到另一种坐标系统的过程。通过建立两个坐标系统之间一一对应关系来实现。坐标变换在测绘领域发挥着重要的作用,不同的坐标系的测量成果都需要进行坐标转换,所以其转换精度很重要,尤其在高精度应用领域。常用的坐标变换的方法如图 6-6 所示。

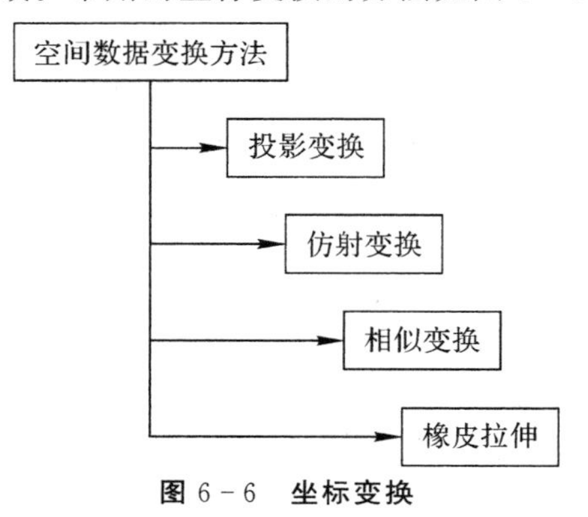

图 6-6 坐标变换

1. 投影变换

投影变换指从一种地图投影点的坐标变换为另一种地图投影点的坐标。投影变换是地理信息系统中数据融合的一个重要组成部分，它是把原图的坐标系统通过投影转换的方式转换成另外一种坐标系统。投影变换常用的方法包括正解变换、数值变换和反解变换等。

2. 仿射变换

在图形学中，仿射变换是在几何中，一个向量进行空间变换，变换到另一个向量空间的过程，主要的方法有线性变换、平移等，如图 6－7 所示。其公式为

$$X'=AX+BY+C, \quad Y'=DX+EY+F \tag{6-1}$$

仿射变换要求至少有三个位移关联点。

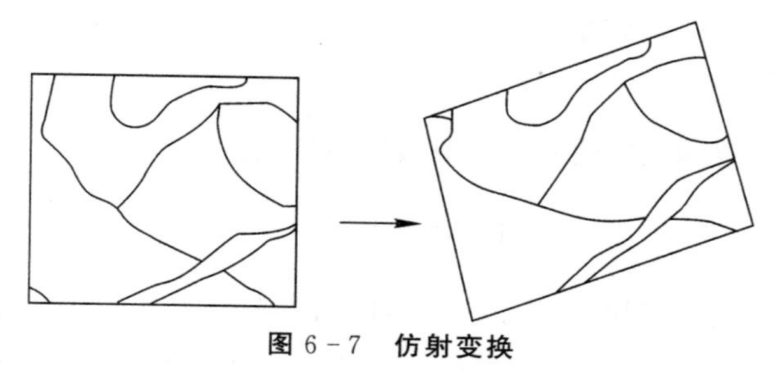

图 6－7　仿射变换

3. 相似变换

相似变换是通过平移、旋转和缩放三种基本操作把一个图形变换为另一个图形，在改变的过程中保持形状不变，只改变其大小，是欧几里得几何中的一种变换，如图 6－8 和图 6－9 所示。

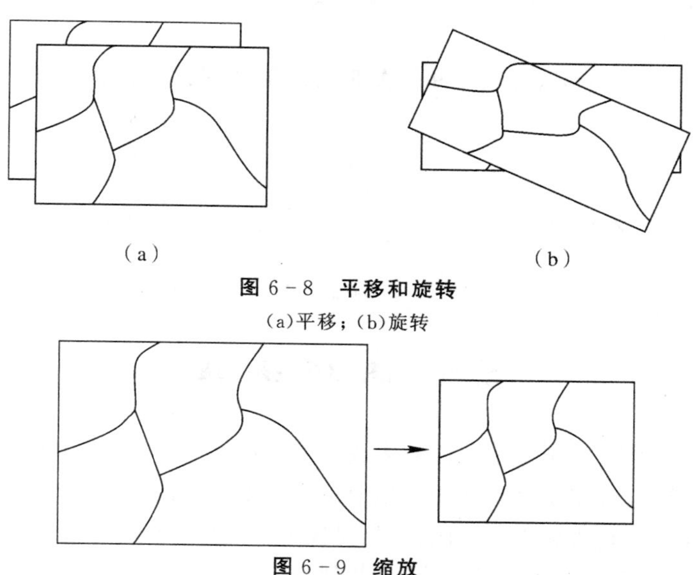

图 6－8　平移和旋转

(a)平移；(b)旋转

图 6－9　缩放

6.4.3　栅格数据重采样

栅格重采样的实质是通过对原图像的像元值重采样，重新输出新图像像元值的过程。

当输入图像和输出图像的位置或像元大小发生变化时，都须进行栅格重采样。此外，栅格重采样是栅格数据在空间分析中处理栅格分辨率匹配问题经常使用的数据处理方法。为了便于分析，通常将不同的分辨率通过栅格重采样转化为同样的分辨率。对于一个既定的空间分辨率的栅格数据，能够通过重采样操作，将栅格数据重采样成更大的像元，即减小空间分辨率。因此，重采样在栅格数据的处理中占有重要地位。

1. 最邻近像元法

直接取与 $P(x,y)$ 点位置最近像元 N 的值作为该点的采样值，即

$$I(P)=I(N) \tag{6-2}$$

N 为最近点，其坐标值为

$$x_N=\text{INT}(x+0.5),\quad y_N=\text{INT}(y+0.5) \tag{6-3}$$

2. 双线性插值法

根据最邻近的 4 个数据点，确定一个双线性多项式：

$$Z=\begin{bmatrix}1 & x\end{bmatrix}\begin{bmatrix}a_{00} & a_{01}\\ a_{10} & a_{11}\end{bmatrix}\begin{bmatrix}1\\ y\end{bmatrix} \tag{6-4}$$

当 4 个数据为正方形排列时，设边长为 1，内插点相对于 A 点的坐标为 $\mathrm{d}x$、$\mathrm{d}y$，则有

$$Z_p=\left(1-\frac{\mathrm{d}x}{L}\right)\left(1-\frac{\mathrm{d}y}{L}\right)Z_A+\left(1-\frac{\mathrm{d}y}{L}\right)\frac{\mathrm{d}x}{L}Z_B+\frac{\mathrm{d}x}{L}\frac{\mathrm{d}y}{L}Z_C+\left(1-\frac{\mathrm{d}x}{L}\right)\frac{\mathrm{d}y}{L}Z_D \tag{6-5}$$

3. 三次卷积法

与双线性内插法类似，三次卷积内插法是一种数据点插值的方法。将输入栅格数据集中的 16 个最邻像元(16 邻域)的像元值进行加权平均计算出新的像元值，并将其赋予输出栅格数据集的对应像元。

在数据点为方格网的情况下，采用三次曲面来描述格网内的内插值时，待定点内插值 Z_p 为

$$Z_p=\begin{bmatrix}1 & x & x^2 & x^3\end{bmatrix}\begin{bmatrix}a_{00} & a_{01} & a_{02} & a_{03}\\ a_{10} & a_{11} & a_{12} & a_{13}\\ a_{20} & a_{21} & a_{22} & a_{23}\\ a_{30} & a_{31} & a_{32} & a_{33}\end{bmatrix}\begin{bmatrix}1\\ y\\ y^2\\ y^3\end{bmatrix} \tag{6-6}$$

6.5 图形拼接

对底图进行数字化以后，由于图幅较大或者使用小型数字化仪，难以将研究区域的底图以整幅的形式完成，这时需要将整个图幅划分成几部分分别输入。在所有部分都输入完毕并进行拼接时，常常会有边界不一致的情况(见图 6－10)，需要进行边缘匹配处理。

图幅拼接是指沿着一个图层的边缘，对相邻图层的线条作匹配，以使线条连续穿过两个图层的边界。相邻图幅边界点坐标数据的匹配采用追踪拼接法。只要符合：相邻图幅边界两条弧段的左右码各自相同或相反，相邻图幅同名边界点坐标在某一允许值范围内，则两条弧段即可匹配衔接。图形数据完成拼接后，将相同属性的两个或多个相邻图斑组合成一个

图斑，对共同属性进行合并。

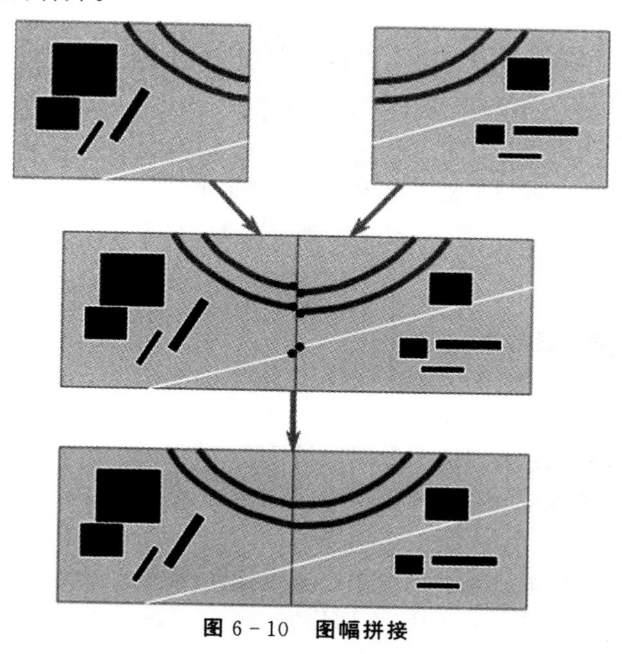

图 6-10　图幅拼接

6.6　数据质量评价与控制

地理信息系统是一个基于计算机软件、硬件和数据的集成系统，其中数据是其最基本和最重要的组成部分，在该系统中数据是一个极其重要的因素。地理信息系统的可靠程度和系统目标的实现情况主要由数据的质量决定。因此，需要对数据质量进行评价与控制。

6.6.1　空间数据质量的相关概念

1. *误差*

误差反映了数据与真值或者大家公认的真值之间的差异，它是一种常用的数据准确性的表达方式。误差的概念是完全基于数据而言的，没有包含统计模型在内，主要由真值来确定。

误差的研究分为两大类：位置的误差和属性的误差。其中位置误差主要包括点、线和多边形的误差，属性误差是指其与位置之间关系的误差。

2. *准确度*

准确度是指采样数据与真实数据之间的相近程度，它可以用误差来衡量。

3. *偏差*

偏差与错误不同，它用来衡量整体值与真值的差异。偏差是基于一个面向整体数据的统计模型。一般用平均偏差来代表数据的偏差值。

4. 精密度

地理信息中一般用数据的有效位数来表示数据的精密度，它代表的是数据的离散程度，一般用数据的精密指数来表示。

5. 不确定性

不确定性代表的是数据能否被准确表达的一个程度。一般不确定性用一个圆来表示，其中圆心代表的是真值，半径就是不确定性，半径越大，不确定性就越大。这是自然界各种空间对象的一个属性。

6.6.2 空间数据质量评价

1. 评价指标

空间数据的评价机制主要是空间数据质量标准，其作为依据来评价数据的质量。现在世界上已经建立了完善的空间数据质量标准，质量标准的建立主要考虑数据的产生、处理及再现等全过程。

(1)数据情况说明：需要详细说明数据产生的起源、数据的内容及处理过程。

(2)位置精度：在地理信息系统中，空间位置主要用空间三维坐标来表示，空间实体的位置精度主要表示其与空间实体的真实位置或者坐标的差值。空间数据位置精度主要包括平面二维坐标、高程精度、地物的形状的精度、图像的像素分辨率等。

(3)属性精度：空间实体的属性精度主要是实体的属性值与其真实的属性值的接近程度。属性精度包括名称精度、分类精度和代码精度等。

(4)时间精度：主要是指时间的更新速度和频率，也就是描述数据的现势性。

(5)逻辑一致性：指地理数据空间位置与其属性的可靠性，主要包括空间数据的内容特征、空间数据的结构组成以及拓扑性质上的内在一致性。

(6)数据完整性：是指地理数据的完整程度，包括数据的内容、数据范围、数据类型、空间实体间的空间关系、属性分类等方面的完整性。

(7)表达形式的合理性：数据的合理性主要是指采样数据与空间实体的合理性，包括实体的特征、属性特征和时间特征等方面的合理性。

2. 评价方法

地理信息系统对数据的质量检查方法主要分为两大类：直接评价和间接评价。直接评价法是用计算机程序自动检查和随机抽样检查。间接评价法是通过外部知识或信息进行推理来确定空间数据的方法。直接评价法是直接面对数据本身进行评价，间接评价法是对数据的来源和属性的质量进行评价。

6.6.3 空间数据的误差源及误差传播

空间数据由于来源多，数据质量参差不齐，数据误差可能来自数据采集、数据录入和数据处理等环节。因此，空间数据的误差包括源误差、操作误差和使用中的误差。其中每一个过程均有可能产生误差，从而导致相当数量的误差积累。

6.6.4　误差类型分析

空间数据误差包括源误差和处理误差。

1. 源误差

源误差是指数据采集和录入中产生的误差。对于遥感数据，主要误差来源有卫星平台、相机的结构及分辨率导致的误差；对于测量数据，主要误差有操作人员误差、仪器误差和气候误差等；对于空间实体的属性数据，主要有录入误差和数据库操作误差等；对于纸质地图，主要有纸张的变形、数字扫描仪的误差和操作误差等；对于 GPS 数据，主要有信号的误差、仪器精度误差和定位算法误差等。

2. 处理误差

地理信息数据在进行处理的时候也会产生误差，以下处理中容易产生误差：

(1)几何纠正。控制点的精度直接影响空间数据在几何纠正的精度，通常数学模型也是几何纠正中产生误差的主要原因。

(2)坐标变换。坐标变换主要是由一组坐标经过数学模型变换到另一组坐标，变换过程中使用的控制点的精度、布局以及数学模型都会产生误差。

(3)空间分析。地理信息系统中空间分析是一个重要的模块，如叠置分析，其算法的精度、误差容限是误差的主要原因。

(4)空间内插。空间内插的误差主要来源于其内插算法和数据点的分布。

6.7　数据入库

6.7.1　数据入库流程

一个地理信息系统及数据库的内容和功能由其地理信息系统应用目的决定。通过制定统一的分类代码标准，将多种格式的空间数据转换成入库标准格式录入数据库，为地理信息数据共建共享做准备。因此，首先必须对基础地理信息数据进行分类和编码，编写相应的元数据标准。接收到原始数据后，就可以根据数据特点进行数据处理和数据程序的开发。

入库流程(见图 6-11)一般在数据库建库设计阶段就基本确定，不同数据源，不同的空间数据库库体，在具体的入库过程中，需要完成的工作各不相同，但通常包括以下主要工作：首先，对待入库成果数据进行全面质量检查，包括资料完整性检查、数据完整性检查、数据正确性检查，并编写数据检查报告。如果质量不合格，则将数据返回生产单位进行修改，修改后重新进行质量检查直至满足入库要求方可进入下一步。其次，对检查合格的数据进行整理。包括以下工作：①按照数据组织规则建立数据文件存储目录；②按数据命名规则对成果数据统一命名；③文件资料数字化；④根据入库内容对数据字典即元数据进行相应更新；⑤将成果数据存入指定目录。最后，将数据入库，完成全部入库工作。

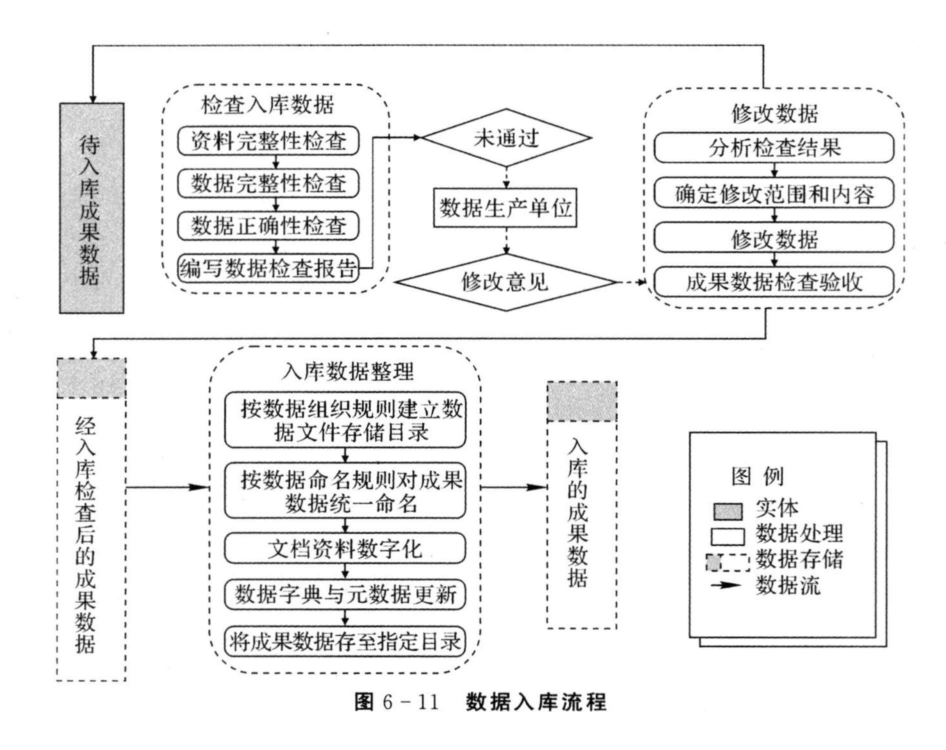

图 6－11　数据入库流程

6.7.2　元数据及其作用

元数据是关于数据的数据，是对数据的描述，可以反映数据自身的特征规律，例如图书卡片、纸质地图的图例和磁盘的说明等都是元数据。元数据的作用是促进数据的高效利用，为地理信息系统等软件提供服务。元数据的主要内容有：

（1）元数据是对数据的描述，主要是对数据的产生、类型、数据所有者、数据生产历史等的说明。

（2）元数据是对质量的描述。元数据包含数据的精度、数据的比例尺、数据的逻辑性、分辨率等。

6.7.3　元数据的类型

根据内容来分类，元数据分为科研型元数据、评估型元数据和模型元数据等；根据描述对象分类，元数据分为数据层元数据、属性元数据和实体元数据；根据数据在系统中的作用分类，元数据分为系统级别元数据、应用层元数据；根据作用分类，元数据分为说明性元数据、控制元数据等。

一、简答题

1. 简述 GIS 的数据类型及其特点。

2. 简述图形数据中常见的数字化错误。

3.简述构建拓扑的目的是什么,有哪几种拓扑关系,并叙述它们的特点。

4.为什么要对地形图和遥感数据进行几何纠正?

5.简述误差与偏差有何不同。

二、拓展题

查阅文献资料,分析目前 GIS 数据采集的新技术方法及其前景。

第 7 章　GIS 基本空间分析

空间分析是地理信息系统的核心功能之一，它是对地理空间数据的定量研究，通过分析地理空间数据在位置、属性、关系等方面的信息，挖掘出空间对象的潜在信息，以支持空间决策问题。空间分析功能是地理信息系统的主要特征，也是地理信息系统区别于其他信息系统的一个显著标志。在空间分析的研究与实践中，很多具有一定普遍意义的分析手段和方法被总结、提炼出来，形成了一些固有的、具有一定通用性质的、在 GIS 软件中均包含了的空间分析功能，这些功能被称为 GIS 基本空间分析。

本章主要介绍 GIS 基本空间分析功能，包括空间查询与量算、叠置分析、缓冲区分析、窗口分析以及网络分析，利用这些基本空间分析方法提取和分析地理空间信息，可为实际问题的解决提供一种新的思路与方法。

7.1　空间分析概述

空间分析(spatial analysis)是在一系列空间算法的支持下，以地学原理为依托，根据地理对象在空间中的分布特征，获取地理现象或地理实体的空间位置、空间形态、空间分布、空间关系和空间演变等信息并进行模拟、解释和预测的分析技术。其实质是为解答地理问题而进行的空间数据分析与挖掘，目的是探求空间对象之间的空间关系，并从中发现规律。

空间分析是对分析空间数据有关技术的统称。根据作用的数据性质不同，可以分为：①基于空间图形数据的分析运算，比如将有害气体的扩散范围与居民区叠加，查看受影响的区域；②基于属性数据的数据运算，比如提取坡度小于 15°的地区；③空间数据和属性数据的联合运算，比如将坡度小于 15°的地区叠加土地利用数据，来进行停机坪的选址。

空间分析更为普遍的过程是：首先对收集的数据进行可视化和描述性分析，然后基于基本的查询和统计展开初步的数据探索性分析，接着提出问题并为感兴趣的现象选择合理的空间分析进行建模，最后通过一系列分析方法构建分析模型以挖掘现象中所隐含的规律。整个流程便是空间分析与建模过程。

空间分析的主要目标是提示地理空间特征，以解决空间问题，具体包括以下几个方面。

(1)认知。对地理空间数据进行科学的组织与描述，认知空间数据的分布特征，如建筑物、人口的空间分布情况。

(2)解释。理解和揭示地理空间数据的背景过程，解释空间现象与空间模式的形成机理，如城市土地利用变化的研究。

(3)预报。基于事件的发生现状及发生规律，运用相关预测模型对未来的状况做出预测，如预测台风的运动轨迹。

(4)调控。对地理空间中的事件进行调控，如资源的合理配置。

总之，空间分析的根本目标是建立有效的空间数据模型以表达地理实体的时空特性，用数字化的方式全局地、动态地分析空间实体和空间现象的空间特征，从而反映空间实体的内在规律和变化趋势。

7.2　空间查询与量算

在地理信息系统中，为了能更好地进行高层次的分析，首先需要查询与定位空间对象，并用一些简单的量测值对地理对象或现象进行描述，如长度、面积、距离等。所以说，空间分析起始于空间查询与量算，空间查询与量算是地理信息系统进行高层次分析的首要条件。

7.2.1　空间查询

空间对象查询，就是利用空间索引机制，从空间数据库中找出符合查询条件的空间数据。空间查询只是回答用户简单问题，并不改变空间数据库中的数据，也不会产生新的空间实体和数据。根据空间数据组织方式的不同，空间查询方式可以分为矢量数据查询与栅格数据查询。

1. 矢量数据查询

矢量数据查询主要有三类：第一类是属性查询，第二类是空间图形查询，第三类是空间关系查询。

(1)属性查询。属性查询就是按给定条件，利用 SQL 语句查找出满足该条件的空间对象，可以是某一简单条件的查询，比如查询西安市在陕西省行政区划图中的位置；也可以是多条件组合的复杂查询，比如查询陕西省人口大于 500 万且面积小于 1.5 万平方千米的地级市。

对于多条件查询，可以先通过布尔连接符将多个条件连接在一起，然后再通过 SQL 语句查找。常见的布尔连接符包括 AND(与)、OR(或)、XOR(异或)、NOT(非)，如图 7－1 所示。AND，代表同时满足查询条件的记录被选择；OR，代表只要满足其中一个查询条件，记录即被选择；XOR，代表同时满足多个查询条件以外的记录被选择，它与 AND 查询结果相反；NOT，代表不包含查询条件的记录被选择。

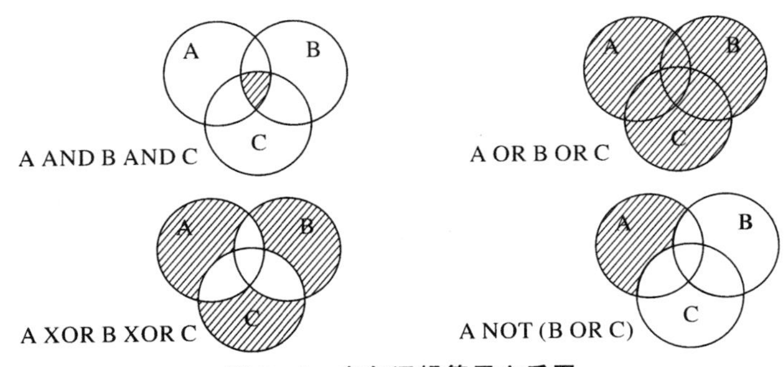

图 7-1　布尔逻辑算子文氏图

(2)空间图形查询。空间图形查询是在给定一个点或一个几何图形的基础上,检索出该点或图形范围内所对应的空间对象及其属性。在查询过程中,如果是给定的一个点,就需要先判断这个点选择的是哪个图形,然后再根据图形与属性的连接关系查询出相关的属性信息,也即需要首先判断一个点是否在一个多边形内。比如图 7-2(a)中,判断 P_1 和 P_2 两个点是否都在多边形内。

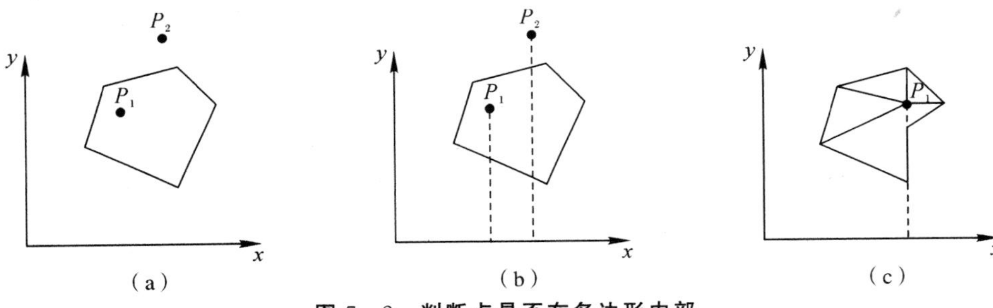

图 7-2　判断点是否在多边形内部

判断点是否在多边形内的方法有射线法和面积法两种。射线法的基本思想是从该点作一条射线,计算它与多边形边界的交点个数,如果交点个数为奇数,则点在多边形内部,否则点在多边形外部,如图 7-2(b)所示。但有时候射线刚好经过多边形的一条边,在这种情况下,判断的结果就有可能不准确。面积法的基本思想是连接该点与多边形的各顶点,如果该点与各顶点所组成的三角形面积之和等于多边形的面积,那么该点在多边形内部,否则该点在多边形外部,如图 7-2(c)所示。

在空间图形查询的过程中,如果给定的是一个几何图形,就需要先借助空间索引,在地理信息系统数据库中快速检索出图形范围内相关的空间实体,然后再根据空间实体与属性的连接关系查询出相关空间实体的属性信息。具体查询方式有以下两种:①点查询。用鼠标点击图中的任一位置,查询该位置所代表的空间对象的属性信息。比如点击陕西省行政区划图中任意地级市图形,即可查询到该市的相关属性信息。②多边形查询。给定一个多边形窗口,查询该窗口所涉及的所有对象的属性列表,查询结果不仅包含窗口内所有对象的属性信息,还包含穿过该窗口的所有对象的属性信息。

(3)空间关系查询。空间实体之间存在着多种空间关系,对空间实体进行空间关系的查询与定位是地理信息系统区别于一般数据库系统的功能之一。所谓空间关系查询就是指对空间对象拓扑关系的查询，主要包括邻近关系查询、包含关系查询和关联关系查询。

邻近关系查询可以查询选择要素指定距离内的要素，比如查询道路由 20 m 扩宽到 40 m所影响到的建筑物。当指定距离为 0 时，被选要素与选择要素有公共边界，为邻接关系，比如查询陕西省的邻接省份。

包含关系查询可以查询完全在选择要素之内的要素，比如查询陕西省内的火车站点。

关联关系查询可以查询与选择要素相交的要素，比如查询陇海线所经过的省份。

2. 栅格数据查询

栅格数据通过像元值来表达相应位置上的空间属性特征，比如高程、温度或降水量等，所以说栅格数据的查询就是通过构建像元值的逻辑表达式，筛选出满足查询条件的像元。通常栅格数据的查询过程包括两步：①图像二值化。对符合查询条件的像元赋值为 1，不符合查询条件的像元赋值为 0；②将像元值为 1 的区域进行显示，显示的区域就是最终的查询结果。比如查询图 7－3(a)中属性值为 2 的区域，查询结果如图 7－3(b)所示。

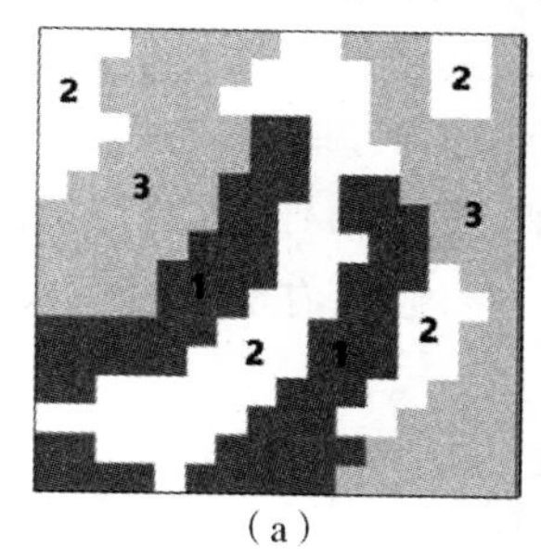

(a)

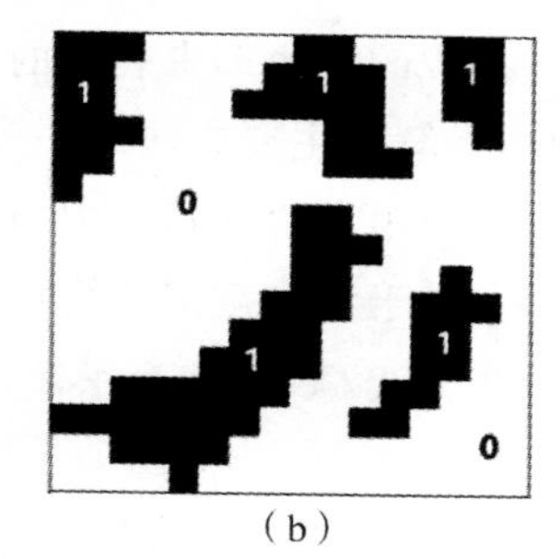

(b)

图 7－3　栅格数据查询

7.2.2　空间量算

空间量算是指对空间对象的基本几何参数(如距离、周长、面积等)进行量测，通过空间量算，可以获取空间对象基本的空间特征，以便为进一步的空间分析提供数据支撑。在地理信息系统中，常见的空间量算包括几何量算、距离量算和方位量算。

1. 几何量算

(1)长度量算。长度量算主要针对线状要素，是线状要素最基本的形态参数之一。

在矢量数据结构下，线状要素表示为坐标对(x,y)或序列(x, y, z)，在不考虑比例尺的情况下，线状要素的长度计算公式为

$$L = \sum_{l=0}^{n-1} \sqrt{(x_{i+1} - x_i)^2 + (y_{i+1} - y_i)^2 + (z_{i+1} - z_i)^2} = \sum_{l=0}^{n-1} l_i \tag{7-1}$$

对于复合线状要素，只需要先求出各分支曲线的长度，再求取总和即可。长度主要是通过两坐标点对的值计算得到的，所以它的精度会受到曲线形状选点方案的影响，如果点的数目较少，计算出来的结果与实际相差过大，如果增加点的数目，提高计算精度，则会给数据获

取、管理与分析带来额外的负担，因此，需要一种折中的选点方案，即在曲线的拐弯处加大点的数目，而在平直段减少点的数目，以达到允许的计算精度要求。

在栅格数据结构下，线状地物的长度就是累加地物骨架线所通过的格网数目，并与格网单元长度相乘的结果。骨架线通常采用8方向连接，当连接方向为对角线方向时，其长度还需要在格网单元长度上乘以 $\sqrt{2}$，如图7-4所示。

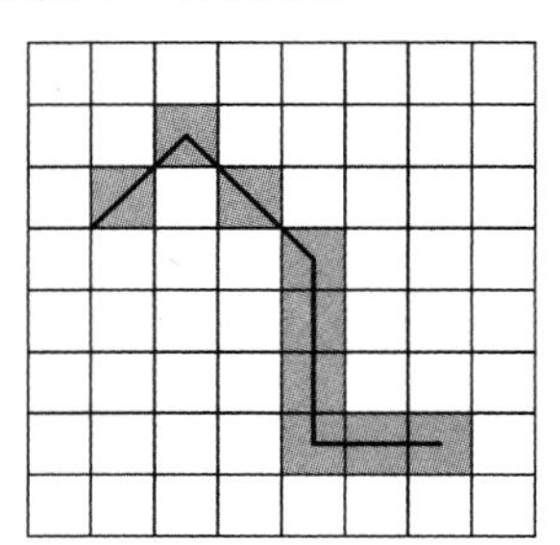

图7-4　栅格数据结构的长度量算

(2)面积和周长量算。面积是面状地物最基本的参数。在矢量数据结构下，面状地物是通过轮廓边界弧段所构成的多边形来表示的，所以其周长与长度量算方法相同。在地理信息系统中，多边形面积量算的主要方法之一为梯形法，其基本思想是：在平面直角坐标系中，按多边形顶点顺序依次求出多边形每条边与 x 轴(或 y 轴)组成的梯形的面积，然后求其代数和，如图7-5所示。对于没有空洞的简单多边形，假设有 N 个顶点，其中 S 为多边形面积，(x_i, y_i) 为多边形顶点坐标，则其面积计算公式为

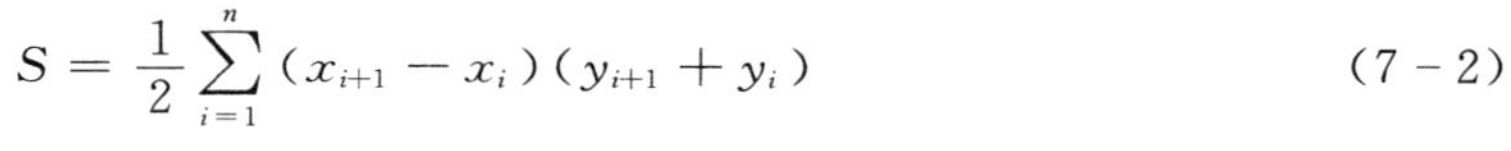

$$S=\frac{1}{2}\sum_{i=1}^{n}(x_{i+1}-x_i)(y_{i+1}+y_i) \tag{7-2}$$

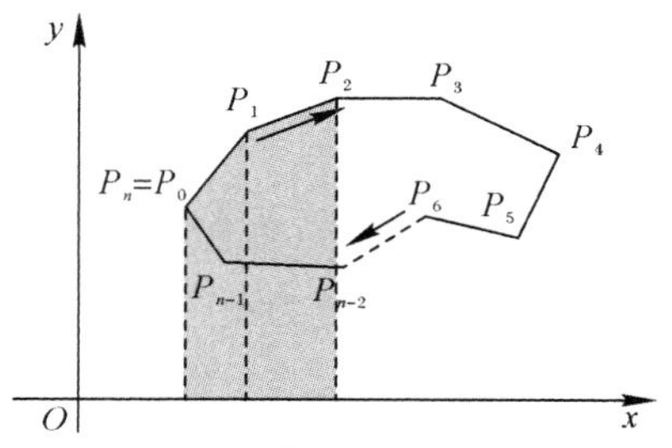

图7-5　矢量数据面积量算示意图

在栅格数据结构下，面积直接通过栅格数乘以栅格单元面积来获取，对于边界上像元的面积，可根据边界线的走向予以分配。

(3)形状描述。通常使用曲率和弯曲度来描述线状要素的形态特征。曲率反映的是线状要素的局部弯曲特征，从数学的角度来说，线状物体的曲率被定义为曲线切线方向角相对于弧长的变化率，可以用单位弧段上切线转过角度的大小来表达弧度的平均弯曲程度。图7-6中弧段 MM' 的平均曲率为

$$\overline{K}=\left|\frac{\Delta\alpha}{\Delta S}\right| \tag{7-3}$$

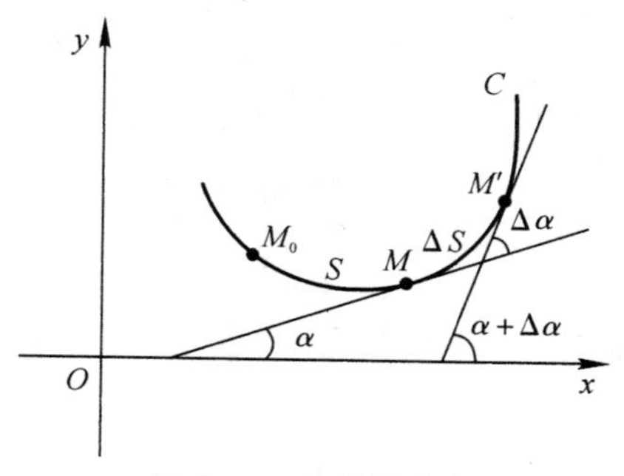

图 7-6　曲线的曲率

在地理信息系统中，为了反映曲线的整体弯曲特征，通常计算的是曲线的平均曲率。对于曲线$[M_0, M']$，首先将其 n 等分，再利用式(7-3)计算出各分段的平均曲率，得到$\overline{K_1}$，$\overline{K_2}$，…，$\overline{K_n}$，则整条曲线的平均曲率$\overline{K}$可表示为

$$\overline{K} = \frac{1}{n}\sum_{i=1}^{n}\overline{K_i} \tag{7-4}$$

除了曲率外，弯曲度也可以描述曲线的弯曲程度，它定义为曲线长度与曲线两端点线段长度的比值(见图 7-7)：

$$S = L/l \tag{7-5}$$

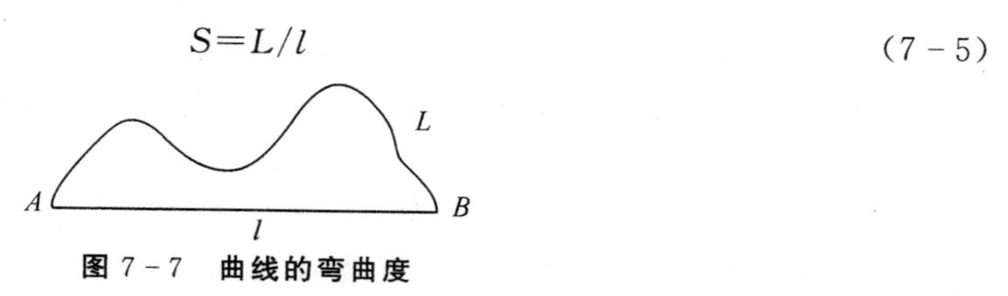

图 7-7　曲线的弯曲度

在实际应用中，弯曲度主要用来反映曲线的迂回特性。比如在交通网络中，弯曲度就可以用来衡量交通的便利程度，曲线的弯曲度越小，就说明交通越便利。

对面状要素形状特征的描述要比线状要素困难得多，通常认为圆是最紧凑的图形，因此可将多边形的几何形状与圆的几何形状相比较，来说明面状要素外形的复杂程度。量算多边形外形或紧凑度的公式为

$$\mathrm{CI} = \frac{P}{3.54\sqrt{S}} \tag{7-6}$$

式中：P 为周长；S 为面积；3.54 为常数项。

常数项 3.54 是 π 的平方根的两倍，是为了保证最紧凑的图形(圆形)的返回值为 1，CI 值越大，说明图形越复杂。

(4)空间对象的分布描述。质心是描述地理对象空间分布的一个重要指标，它是地理要素保持均匀分布的平衡点。如图 7-8 所示，单个点要素的质心在其本身位置上，单条线状要素的质心在其中点上，面状要素的质心可理解为多边形质量的平衡点。对于规则图形，比如说圆形、正方形、长方形等，其质心与图形的几何中心是一致的；对于不规则图形，质心计算过程的复杂程度与多边形形状的复杂程度有关，如果还要考虑其他一些因素的话，还可以赋予权重系数，这时的质心称为加权平均中心。计算公式为

$$\left.\begin{aligned} X_G &= \frac{\sum_i W_i X_i}{\sum_i W_i} \\ Y_G &= \frac{\sum_i W_i Y_i}{\sum_i W_i} \end{aligned}\right\} \tag{7-7}$$

式中：X_G、Y_G为群体质心坐标；W_i 为各点权重；X_i、Y_i 为面要素边界上各点的坐标。

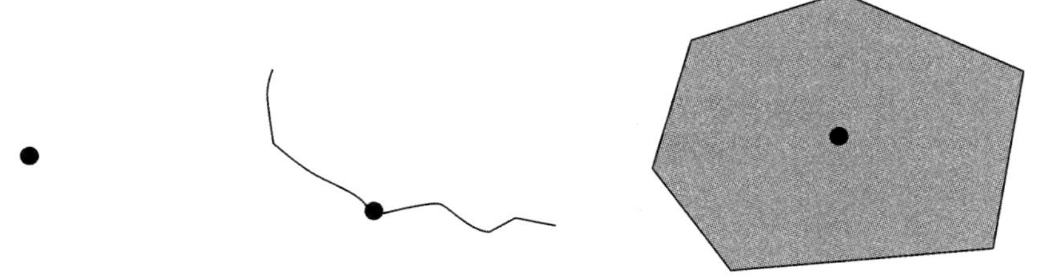

图 7－8　点、线、面要素的质心

2. 距离量算

"距离"是日常生活中经常涉及的概念，通过距离可以描述实体或事物之间的远近或亲疏程度。作为地理信息系统基本功能的距离量算，是与空间介质相关的，一般分为匀质空间的距离量算(见表 7－1 和图 7－9)和非匀质空间的距离量算。

对于匀质空间来说，度量距离的空间物质在任意位置和方向上都一样，一般量算公式为

$$d_{ij}(q) = [\sum_{l=1}^{n} (x_{li} - x_{lj})^q]^{1/q} \tag{7-8}$$

式中：i、j 代表物体 i 和物体 j。在空间数据查询和定位分析中，研究的对象通常发生在二维或三维的地理空间上，因此一般取 $n \leqslant 3$。

表 7－1　距离量算公式

名 称	条 件	计算公式
曼哈顿距离	$q=1$	$d_{ij}(1) = \lvert x_{li} - x_{lj} \rvert$
欧式距离	$q=2$	$d_{ij} = [\sum_{l=1}^{n}(x_{li} - x_{lj})^2]^{\frac{1}{2}}$
契比雪夫距离	q 趋向于无穷	$d_{ij}(\infty) = \max\{\lvert x_{li} - x_{lj} \rvert\}$，　$l=1,2,\cdots$

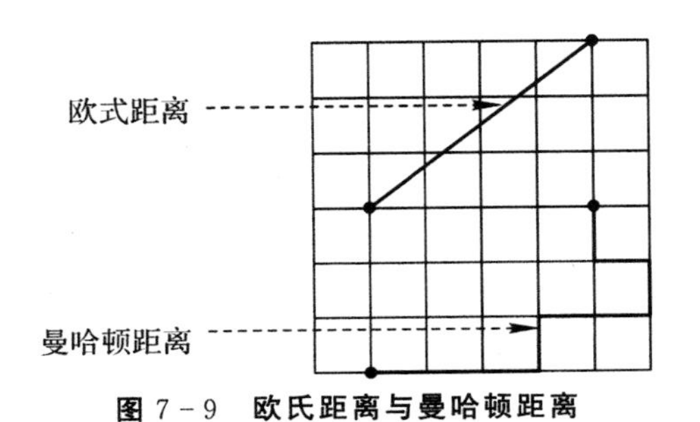

图 7－9　欧氏距离与曼哈顿距离

在非匀质空间中，度量距离的空间物质在任意位置和方向上可能都是不一样的，两点之间的距离不仅仅是表达式的变化，还有度量空间中物质的变化。

以旅行时间为例，如果从某一点出发，到另一点所耗费的时间只与两点之间的距离成正比，也就是说，距离越长，所花费的时间越长，那么现在从一固定点出发，旅行特定时间后所能达到的点必然会组成一个等时圆，如图7-10(a)所示。而现实生活中，旅行所耗费的时间不仅与距离成正比，还与路况、交通工具等有关，从固定点出发，旅行特定时间后所能到达的点在各个方向上会形成不同的距离，如图7-10(b)所示，这种情况下，我们就认为它是一个非匀质的空间距离。非匀质空间距离显然与匀质空间中距离的表达式是不同的，我们就把此时的距离称为函数距离。函数距离不仅仅是表达式发生变化，而且研究区域也发生变化。

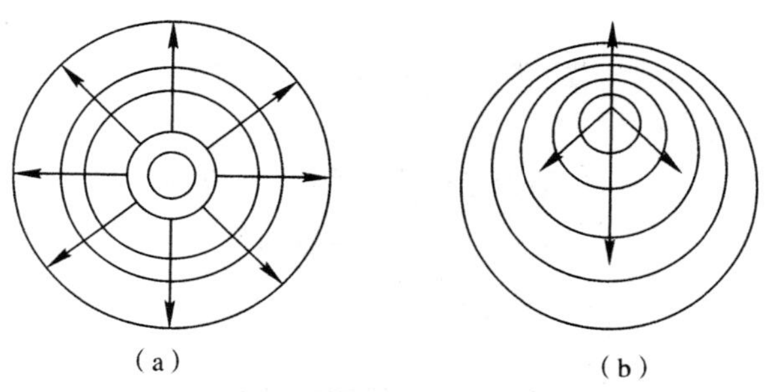

图7-10 各向同性和各向异性的距离表面

(a)各向同性；(b)各向异性

在进行距离量算时，需要注意的是空间物体分为点、线、面、体四类，那么根据各类物体间的组合，距离就不仅仅表现为点与点之间的距离，它可以表现为其他更多的形式，归纳起来可以概括成10种：点点、点线、点面、点体、线线、线面、线体、面面、面体及体体的距离。

3. 方位量算

方位是描述两个物体之间位置关系的另一种度量方式。空间方位的描述有定量描述和定性描述两种。定量描述就是精确地给出空间目标之间的方向，通常用方位角、象限角等量化指标来描述，如图7-11所示。

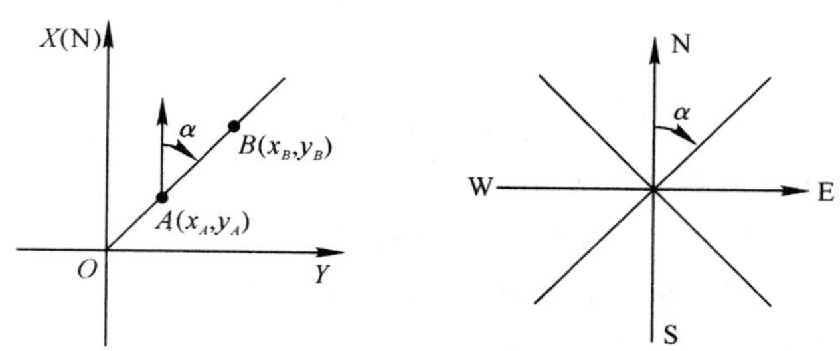

图7-11 方位的定量描述

定性描述就是用有序尺度数据概略地描述空间方向关系，常用的方法有4方向描述法、8方向描述法和16方向描述法。如图7-12，就把空间方向划分成16个方向。

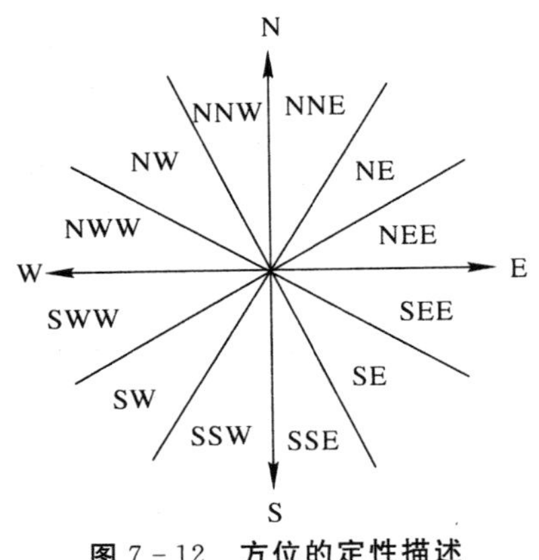

图 7-12　方位的定性描述

7.3　叠置分析

地理对象的本质是整体的，但是为了研究工作需要，我们经常把一个地理对象或者一个问题分解成不同的因子，但在研究实际问题的时候，我们又需要将所需要的因子综合为一个具体目标的整体范畴，基于此，提出叠置分析。因此，叠置分析是应地学分析方法的要求提出来的。

叠置分析，又叫叠加分析，是一种建立地理对象之间空间对应关系的操作，它是将多个数据层面进行叠加产生一个新的数据层面的操作，其结果不仅包含了新的空间关系，还综合了多个层面要素的属性信息，同时还将输入的多个数据层的属性联系起来产生了新的属性关系。需要注意的是，被叠加的要素层面必须是基于相同的坐标系统、相同的基准面、相同区域的数据。

7.3.1　矢量数据的叠置分析

根据操作要素的不同，矢量数据叠置分析可分为点与多边形叠加、线与多边形叠加、多边形与多边形叠加三种方式。在矢量数据的叠置中，至少有一个图层是多边形图层，称为基本图层，另一个图层可能是点、线或者多边形图层，称为上覆图层。

1. 点与多边形叠置

点与多边形叠置就是将一个点图层叠加在一个多边形图层上，以确定每个点落在哪个多边形内，其实质是计算多边形对点的包含关系，如图 7-13 所示。点与多边形图层叠置的结果通常不产生新的图形层面，叠加结果依然是点，只是在点的属性信息中叠加了相应多边形图层的属性信息。

叠置过程分为两步：第一步计算多边形对点的包含关系，计算点与多边形的几何关系；第二步重建点的属性表，在点的属性信息中添加相应的包含其多边形的属性信息。

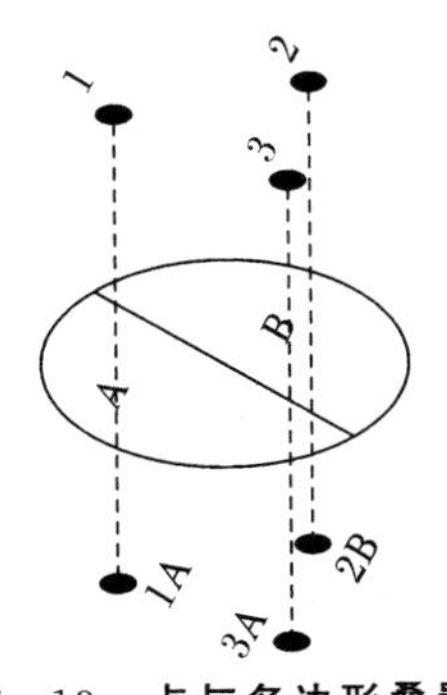

图 7-13　点与多边形叠置

2. 线与多边形叠置

线与多边形叠置和点与多边形叠置相似，它是将一个线图层叠加在一个多边形图层上，实质是判断每条线各落在哪个多边形内，如图 7－14 所示。和点与多边形叠置不同的是，线与多边形的叠置产生了一个新的数据层面，线被它所穿过的多边形打断成了弧段，形成了新的弧段图层，属性表中记录了原线和多边形的属性信息。

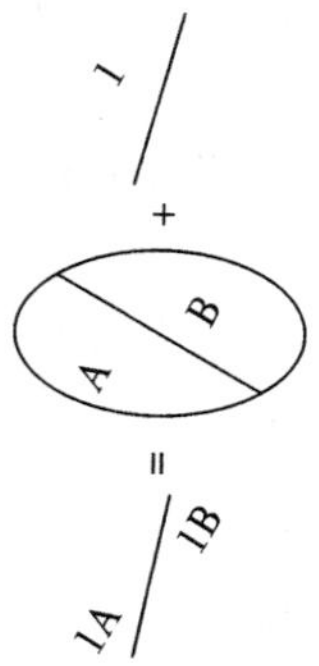

叠置过程分为两步：第一步要比较线坐标与多边形坐标的关系，判断哪一条线落在哪一个或哪些多边形内。由于一条线常常跨越多个多边形，因此要先计算线与多边形的交点，将原线分割为两个或两个以上落入不同多边形的新弧段。第二步重建线的属性表。每条新弧段的属性，既包含原所属线的属性，又包括它所落入的多边形标识序号，以及该多边形的属性。

图 7－14　线与多边形叠置

3. 多边形叠置

多边形叠置是地理信息系统空间分析中最常用的功能之一，也是叠置分析中最经典的形式。它是将两个或多个多边形图层进行叠加，叠加结果为一个新的多边形图层，新图层的多边形是原来各图层多边形相交分割的结果，每个多边形的属性信息含有原图层各个多边形的所有属性信息，如图 7－15 所示。

叠置过程分为两步：第一步，几何求交。求出所有多边形边界线的交点，根据这些交点重新进行多边形拓扑运算，生成新的多边形，对每个新多边形赋予唯一标识码。第二步，属性分配。根据新多边形与原多边形的关系，生成一个与新多边形一一对应的属性表。

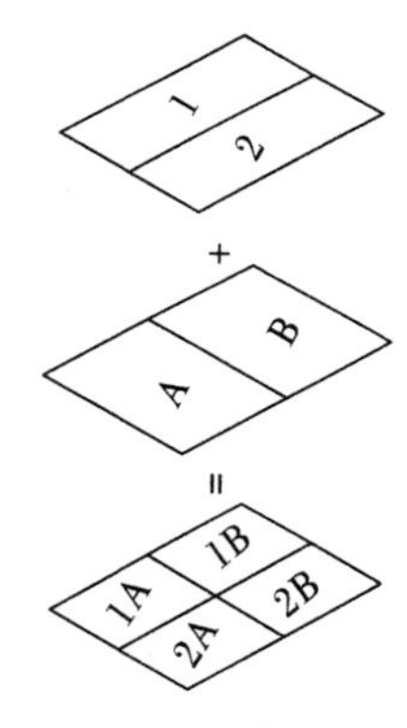

图 7－15　多边形叠置

在多边形叠置过程中，输入图层的共同边界处会出现许多极小的多边形，这些小多边形大部分并不代表实际的空间变化，因此就将这些小而无用的多边形称为破碎多边形或伪多边形，它们是矢量多边形叠置的主要问题。解决的办法通常有两个：一是在叠置操作的过程中设置模糊容差值。模糊容差值的原理是，如果这些点落在指定距离范围之内的话，将强制性把构成线的点捕捉到一起，从而消除破碎多边形。但是容差值的大小难以把握，容差过大，则容易将一些正确的多边形删除，而容差过小，又无法起到剔除的效果。二是应用最小制图单元。最小制图单元是由政府机构或组织指定的最小面积单元，当多边形的面积小于该值时，将被合并到其邻接多边形中，从而消除破碎多边形。

7.3.2　栅格数据的叠置分析

栅格数据可以看作是典型的数据层面，同矢量数据多边形叠置分析相比，栅格数据的叠置分析更易处理，且简单而有效，不会存在破碎多边形的问题，因此，栅格数据的叠置分析在各类领域中应用极为广泛。在栅格数据内部，叠加运算是通过对不同图层同一位置像元之间的各种运算来实现的。

设 $x_1,x_2,\cdots,x_n$ 表示第 1,2,⋯,n 层上同一坐标的属性值,f 函数取决于叠加的要求,U 为叠置后输出层的属性值,则

$$U=f(x_1,x_2,\cdots,x_n) \tag{7-9}$$

通过叠置分析输出的栅格数据结果可能是:①各图层逻辑条件组合;②各图层属性数据的算术运算结果;③各层属性数据的极值;④其他模型运算结果。因此,栅格数据的叠置分析方法大体可以分为两类:一类是布尔逻辑运算,一类是数学复合运算。

1. 布尔逻辑运算

对栅格数据的属性值进行布尔逻辑运算,其实质就是进行一个逻辑选择的过程。对于多个栅格图层,一般可以用布尔逻辑算子以及运算结果的文氏图来表示其运算思路和关系,如图 7-16 所示。

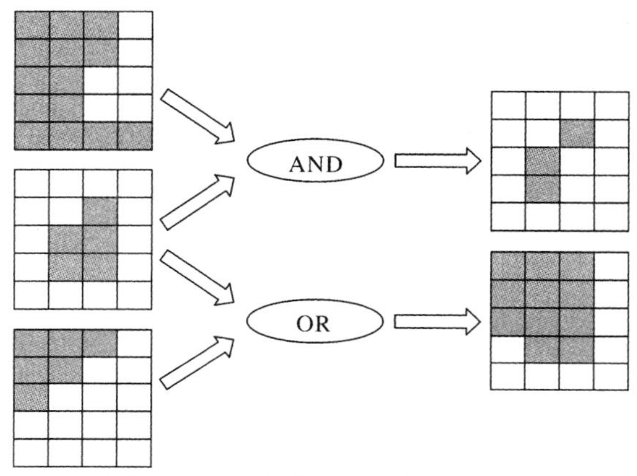

图 7-16 栅格数据的布尔逻辑运算

2. 数学复合运算

对栅格数据的属性值进行数学复合运算,就是对不同图层同一位置的栅格值按一定的数学法则进行运算,从而得到新的栅格数据图层的方法。数学复合运算有算术运算和函数运算两种类型。

(1)算术运算。算术运算是将两个以上图层的对应网格值进行加、减运算后得到新栅格数据图层的方法,如图 7-17 所示。这种算术分析法具有很大的应用范围,比如说将降雨前、后的坡耕地 DEM 相减,根据变化量,进行水土保持方面的研究。

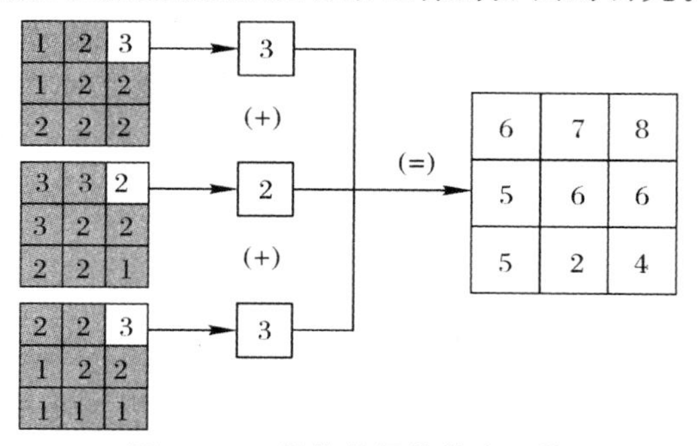

图 7-17 栅格数据的算术运算

(2)函数运算。函数运算是将两个以上层面的栅格数据图层以某种函数关系作为分析的依据进行逐网格运算,从而得到新的栅格数据图层的过程,其在地学综合分析中具有十分广阔的应用前景,只需要得到各图层间的函数关系式,便可完成各种人工难以完成的复杂分析运算。例如,利用通用土壤流失方程式计算土壤侵蚀量时,就可利用多层面栅格数据的函数运算复合分析法进行自动处理,如图7-18所示。

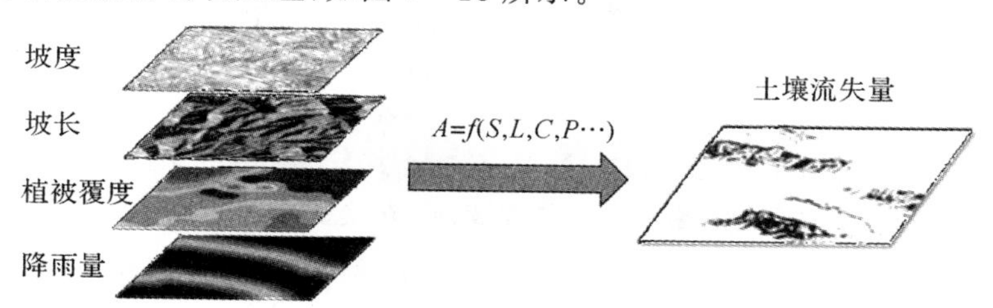

图7-18 通用土壤流失方程

7.4 缓冲区分析

缓冲区分析是典型的以距离变换为基础的空间分析方法,它通过围绕一组或一类地理要素建立一定范围的邻近多边形,以描述地理要素的影响范围,并将缓冲区图层与其他要素图层进行叠置分析,从而分析不同地理特征的邻近性或空间影响度。对于我们日常生活中经常遇到的需要求解影响范围的问题,比如地震的影响范围、湖泊生态保护区的范围等等,都可以通过缓冲区分析来解决。

从数学的角度来讲,缓冲区分析就是给定一个空间对象或对象集合,确定它们的邻域,邻域的大小由邻域半径 R 决定,对象 O_i 的缓冲区(半径为 R)可定义为

$$B_i=\{X:d(X,O_i)\leqslant R\} \tag{7-10}$$

对于对象集合 $O=\{O_i;i=1,2,\cdots,n\}$,其缓冲区是各个对象缓冲区的并集,即

$$B=\bigcup_{i=1}^{n}B_i \tag{7-11}$$

一般情况下,半径 R 越大,其影响度越小,对于不同的空间对象,影响度和距离之间可以采用不同的模型来表示,如线性模型、二次模型和指数模型等等。在实际应用中,对于影响度和距离的关系可以采用实验的方法进行测量,从而建立相应的模型。

7.4.1 矢量缓冲区分析

1. 矢量缓冲区的类型

按照空间对象的不同,缓冲区可以分为点缓冲区、线缓冲区和面缓冲区。对于任何一个空间对象,都可以生成单个对象缓冲区、多个对象缓冲区,以及分级对象缓冲区,如图7-19所示。分级对象缓冲区是根据对象本身的级别来建立缓冲区,比如说医院有不同的等级,对应着不同的服务范围,建立不同医院等级对应的服务距离属性表,就可根据不同的属性来确定不同的缓冲区距离,生成分级对象缓冲区。

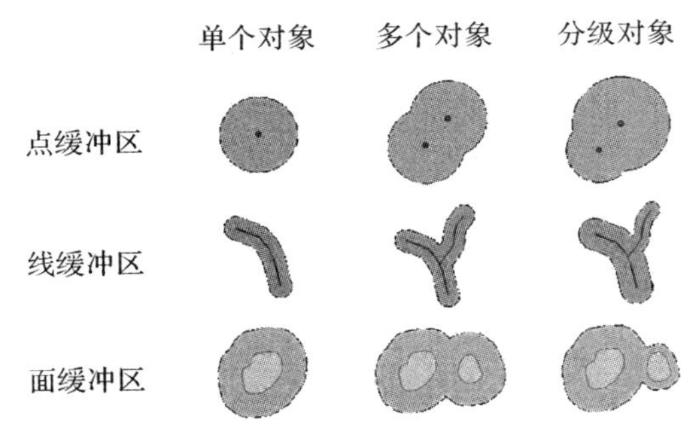

图 7-19 矢量缓冲区的类型

除了最基本的缓冲区外，还有一些特殊的缓冲区，如图 7-20 所示。对于线要素来说，有单侧缓冲区和双侧不对称缓冲区；对于面要素来说，有外侧缓冲区和内侧缓冲区。这些缓冲区虽然形态特殊，但是基本原理都是一致的，都是要素对象的影响或服务范围。

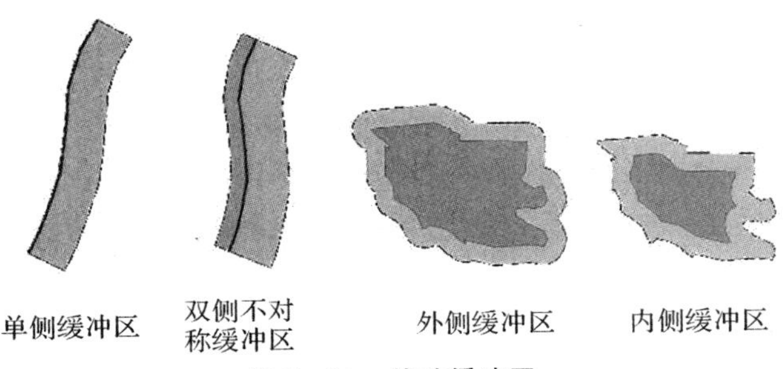

图 7-20 特殊缓冲区

2. 矢量缓冲区的建立

(1)点缓冲区的建立。点缓冲区的建立就是以各点状要素为圆心，以缓冲距离为半径作圆。如果是对多个点要素建立缓冲区，可以根据需要，将相交的圆整合成多边形区域，如图 7-21 所示。

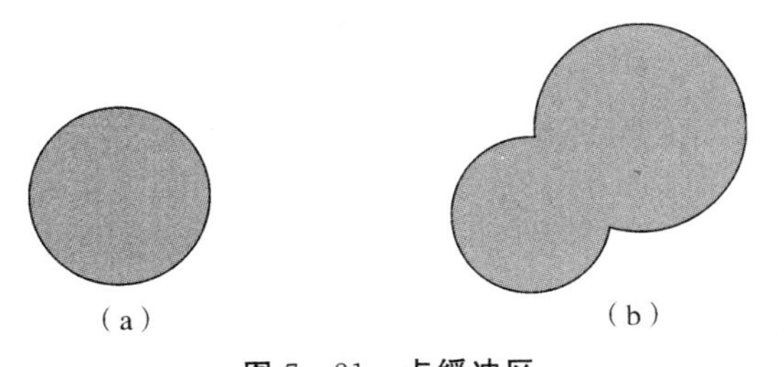

图 7-21 点缓冲区

(a)单个点缓冲区；(b)多个点缓冲区

(2)线缓冲区的建立。线缓冲区的建立以线要素为轴线，以缓冲距离为平移量向两侧作平行曲(折)线，并考虑端点或折点处建立的原则，即可建立缓冲区。如果是对多个线要素建立缓冲区，同样可根据需要对重合的区域进行融合处理。

根据线端点或折点处建立缓冲区原则的不同，常见的线缓冲区建立方法有角分线法和凸角圆弧法。

1)角分线法(简单平行线法)。在轴线的首尾点,作轴线的垂线并按缓冲区距离 R 截出左右边线的起止点;在轴线上的其他折点处,作与该点所关联的前后两邻边距轴线距离为 R 的平行线,平行线的交点即该点对应的缓冲区顶点。这种方法的缺点是,在折点处无法保证双线的等宽性,比如图7-22中,折点 A 与所生成的点 A' 之间的距离 d 要大于缓冲距离 R。

2)凸角圆弧法。在轴线的首尾点,用缓冲距离为 R 的圆弧进行拟合;在轴线的其他折点,首先判断该点的凸凹性,在凸侧用圆弧弥合,在凹侧用前后两邻边平行线的交点生成对应顶点。最后,对线段生成的缓冲区外角以圆弧连接,内角直接连接,线段端点以半圆封闭,如图7-23所示。这个方法的优点就是保证了双线的等宽性。

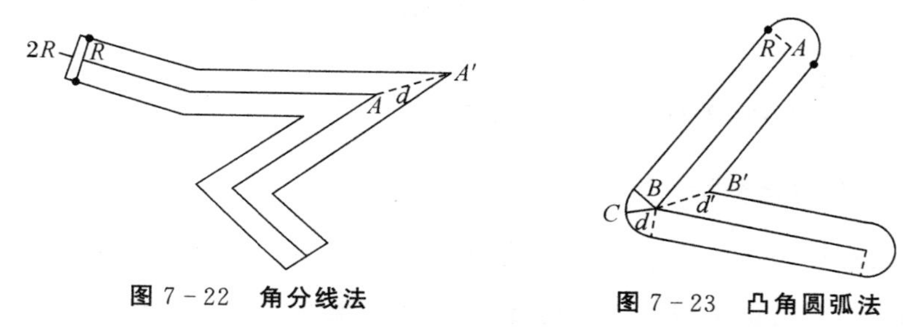

图7-22　角分线法　　**图7-23　凸角圆弧法**

当计算形状比较复杂时,计算的过程也会相对复杂很多,为使缓冲区算法适应更为普遍的情况,就不得不处理边线自相交的情况。比如说图7-24(a)这条线,当产生线左侧缓冲区时,就会出现缓冲区相交的情况,产生两个自相交多边形[见图7-24(b)]。

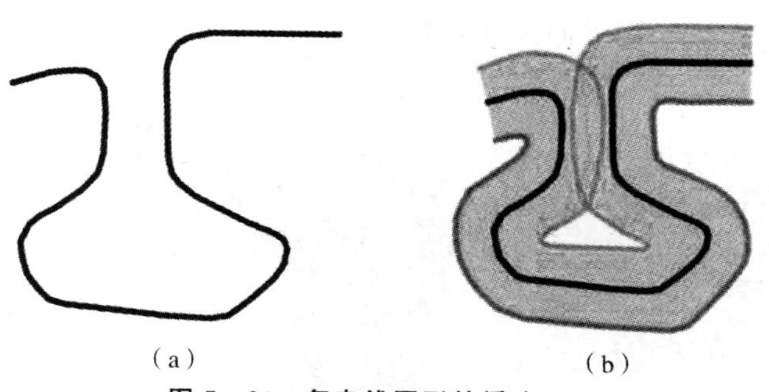

图7-24　复杂线图形的缓冲区

自相交多边形有两种(见图7-25):一种是重叠多边形。重叠多边形为所生成的缓冲区区域,不是缓冲区边线的有效组成部分,不参与缓冲区的构建。第二种是岛屿多边形。岛屿多边形是缓冲区边线的有效组成部分,要参与缓冲区的构建。因此,要对这两种多边形进行判别。判别思路为:定义轴线坐标点序为其方向,缓冲区双线分成左右边线。对于左边线,岛屿自相交多边形呈逆时针方向,重叠自相交多边形呈顺时针方向。

(3)面缓冲区的建立。面是一条首尾相连的特殊线段,因此,面缓冲区的建立采用线缓冲区的生成方法,以面要素的边界线为轴线,以缓冲距离 R 为平移量向边界线的外侧或内侧作平行曲(折)线,形成的多边形即为建立的缓冲区,如图7-26所示。对于多个面要素的缓冲区重合的情况,可以进行保留或融合处理。

不管是点、线还是面要素,所建立的缓冲区是新的多边形,是不包含原有的点、线、面要素的。

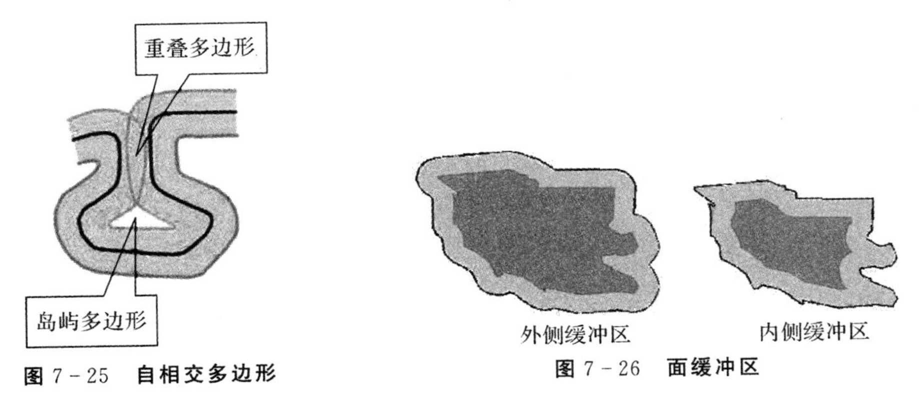

图 7-25　自相交多边形　　**图 7-26　面缓冲区**

7.4.2　栅格缓冲区分析

缓冲区分析的核心功能是在研究对象周围构建一个指定距离的缓冲带,分析其他对象所受到的影响。对于矢量缓冲区,在特定的带宽内,其影响程度是一样的,但是,很多地理现象对周围对象的影响程度具有一定的衰减或逐步增强效应,这就需要构建连续变化的缓冲区,而栅格数据更适合对连续变化的地理现象进行建模,因此,可以采用欧氏距离的方式来构建栅格缓冲区,其建立原理是通过距离变换,计算出背景像元与空间目标的最小距离。假设给定缓冲区的宽度为 R,则缓冲区就是距离小于或等于 R 的各个背景像元的集合,如图 7-27所示。

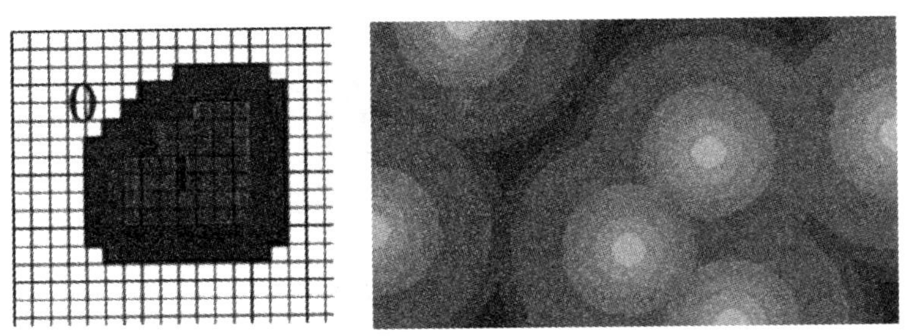

图 7-27　栅格缓冲区

7.4.3　缓冲区分析的应用

查看或计算地震的破坏范围、基站的信号覆盖范围、危险品爆炸的影响范围等,都可以利用点缓冲区分析来完成。例如,计算发生洪水需要撤离的居民人数,为防止水土流失计算河两岸的树木保护带的面积,道路扩建时查看需要拆迁的建筑物等问题,都可先利用线缓冲区分析计算出影响范围后,再进行下一步的分析。对于城市的经济影响范围、打靶场噪声污染区范围、大型水库兴建引起的搬迁等问题,可建立面缓冲区来进行分析。

7.5　窗口分析

7.5.1　窗口分析概述

地学信息在空间上存在着一定的关联性，距离越近，关联性越强；距离越远，关联性越弱。比如说烟雾扩散，距离事发点越近，受影响越大；距离事发点越远，受影响越小。对于栅格数据所描述的某项空间要素，其中的一个栅格往往会对其周围栅格的属性特征产生一定的影响，为了能更好地利用这种空间上关联性的特征，提出了窗口分析。

窗口分析，也叫邻域分析，是针对栅格数据所提出的一种空间分析方法，它是指对栅格数据中的一个、多个或全部栅格点，开辟一个有固定分析半径的分析窗口，并在该窗口内进行诸如极值、均值等一系列的统计计算，或与其他层面的信息进行必要的复合分析，从而实现栅格数据水平方向的扩展分析。

窗口分析中的三个要素：

(1)中心点：分析窗口的最中间的栅格点或者分析窗口中的一个栅格点，窗口分析运算后的新数值将赋予中心点。

(2)分析窗口大小与类型：如 3×3 矩形窗口、扇形窗口等。对于矩形窗口来说，一般分析窗口的大小为奇数。

(3)运算方式：图层根据窗口分析类型运算，依据不同的运算方式获得新的图层，比如说在 3×3 窗口里面对 DEM 做坡度、坡向计算，从而得到坡度、坡向的数据结果。

具体实现来说，窗口分析是对一个栅格及其周围栅格的数据分析技术，一般在单个图层上进行。在进行分析前，首先选择合适的窗口大小，确定窗口类型，根据分析目的，选定运算方式。在进行分析时，从最初点开始运算得到新的栅格值，并依次逐点扫描整个图层进行窗口运算，最后得到新的图层，如图 7－28 所示。

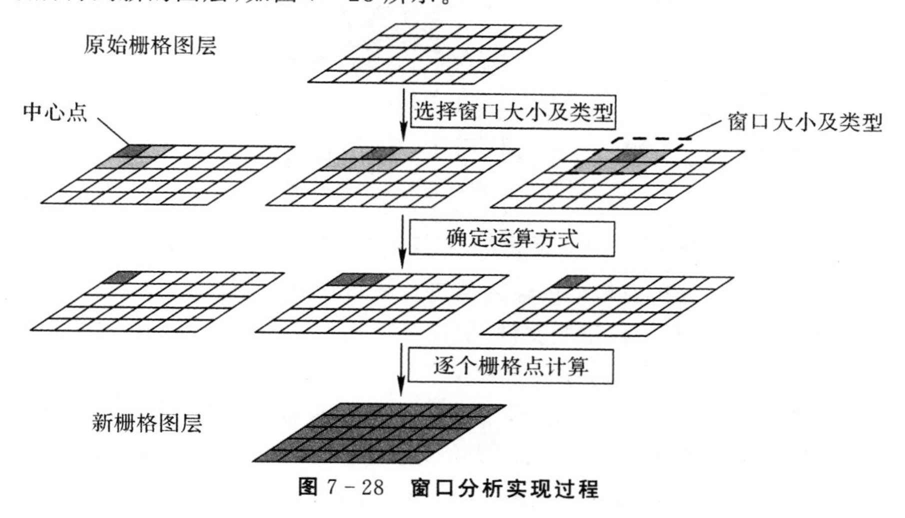

图 7－28　窗口分析实现过程

7.5.2 分析窗口的类型

按照分析窗口的形状，可以将分析窗口划分为以下类型。

(1)矩形窗口：以目标栅格为中心，分别向周围8个方向扩展一层或多层栅格，构成矩形分析窗口，如图7－29(a)所示。

(2)圆形窗口：以目标栅格为中心，向周围作等距离搜索区，构成一个圆形分析窗口，如图7－29(b)所示。

(3)环形窗口：以目标栅格为中心，按指定的内外半径构成环形分析窗口，如图7－29(c)所示。

(4)扇形窗口：以目标栅格为起点，按指定的起始与终止角度构成扇形分析窗口，如图7－29(d)所示。

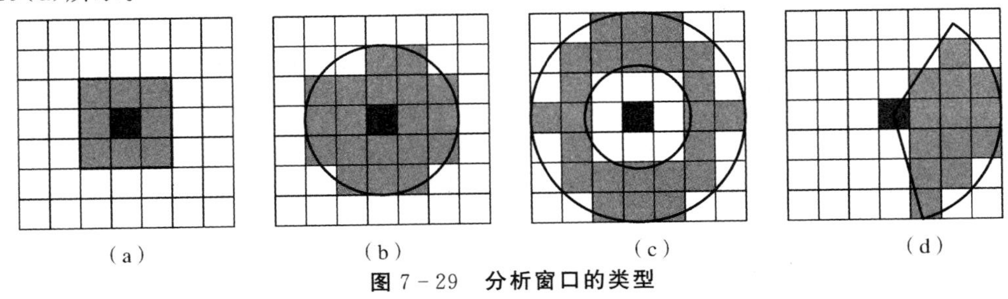

图7－29 分析窗口的类型

(5)其他窗口。在地理信息系统软件中，还可以通过不规则形状核文件指定不规则的分析窗口，一般通过文本编辑器来创建此文件。如图7－30所示，核文件中的第一行指定邻域的宽度和高度(表示为x轴方向上的像元数和y轴方向上的像元数，中间用空格分隔)，随后几行则指定窗口的形状，即该邻域范围中各个位置的值，各个值之间由空格分隔。核文件中的值非0即1，任何不等于0的值均将视为1。

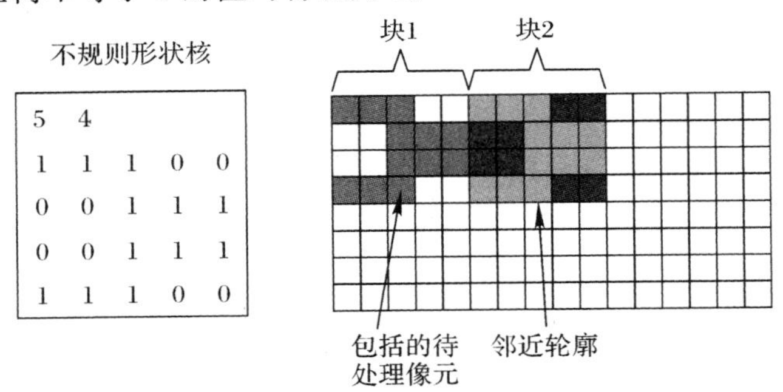

图7－30 ASCII不规则形状核文件及其所代表的领域

除此之外，还可以对分析窗口中的输入值进行权重设置，权重核文件可指定邻域范围内各像元的位置及其权重。对于权重核文件，同样可以使用文本编辑器来创建，并定义权重邻域的值和形状。如图7－31所示，在权重核文件中，第一行指定了邻域的宽度和高度(x轴方向上的像元数和y轴方向上的像元数，用空格分隔)，随后几行则指定了邻域中各个位置的权重值，其中权重值可为正值、负值或小数值，各个值之间需要由空格分隔。对于邻域中不用于计算的位置，核文件中的相应位置将用值0表示。

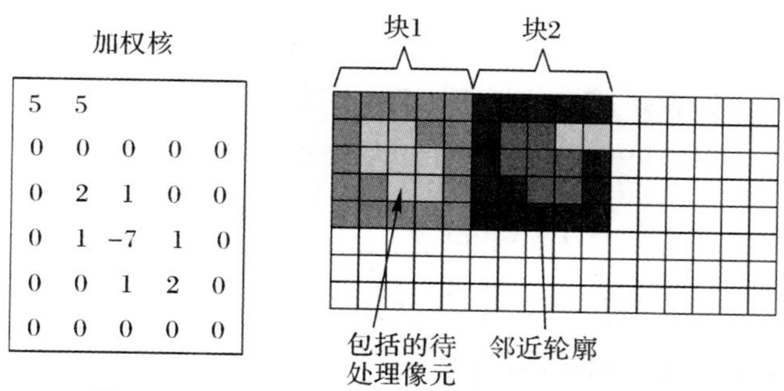

图 7-31　ASCII 权重核文件及其所代表的领域

7.5.3　窗口分析的类型

1. 统计运算

栅格分析窗口内的空间数据的统计分析类型一般有以下几种。

(1)平均值统计:新栅格值为分析窗口内原栅格值的均值。

(2)最大值统计:新栅格值为分析窗口内原栅格值的最大值。

(3)最小值统计:新栅格值为分析窗口内原栅格值的最小值。

(4)中值统计:新栅格值为分析窗口内 n 个数中间的一个数。

(5)求和统计:新栅格值为分析窗口内原栅格值的总和。

(6)标准差统计:新栅格值为分析窗口内原栅格值的标准差值。

(7)范围统计:新栅格值为分析窗口范围内统计值的范围。

(8)多数统计:新栅格值为分析窗口范围内绝大多数的统计值、频率最高的单元值。

(9)少数统计:新栅格值为分析窗口范围内较少数的统计值、频率最低的单元值。

(10)种类统计:新栅格值为分析窗口范围内统计值的种类、不同单元值的数目。

【例 7-1】　求窗口算子平均值(平滑等高线),如图 7-32 所示。

2	4	7	6	2
5	8	9	4	5
1	6	3	3	9
9	8	4	5	6
5	2	1	8	5

输入数据

4.7	5.8	6.3	5.5	4.2
4.3	5	5.5	5.3	4.8
6.1	5.8	5.5	5.3	5.3
5.1	4.3	4.4	4.8	6
6	4.8	4.6	4.8	6

输出数据

图 7-32　平滑等高线窗口分析

2. 函数运算

窗口分析中的函数运算是选择分析窗口后，以某种特殊的函数或关系式，来进行从原始栅格值到新栅格值的运算，具体可以用下列公式来表达：

$$C_{ij} = f\left(\sum_{i-m}^{i+m}\sum_{j-n}^{j+n} c_{ij}\,\lambda_{ij}\right) \tag{7-12}$$

式中：i，j 为行列号；c_{ij} 为第 i 行、第 j 列原始栅格值；$m\times n$ 是分析窗口的大小；λ_{ij} 为栅格系数；$f(\cdot)$ 为运算函数；C_{ij} 为新栅格图层值。

在函数运算中，应用比较广泛的有滤波运算和地形参数运算。

(1)滤波运算：在遥感图像处理方面应用较为广泛。遥感图像通常会有一些我们感兴趣的线性形迹、纹理与地物边界等信息显示得不够清晰，不易识别，这时就可以运用滤波运算，增强图像的某些空间频率特征，其原理是通过窗口分析来分析、比较和调整像元与其周围相邻像元间的对比度关系，从而改善地物目标与领域或背景之间的灰度反差，如图 7 - 33 所示。

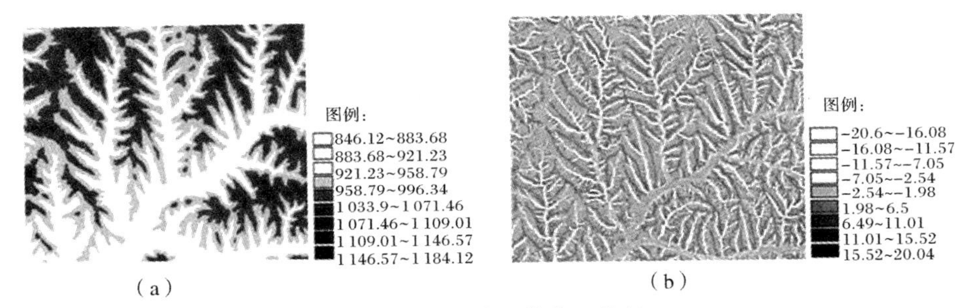

图 7 - 33　滤波运算窗口分析

(a)原始栅格图层；(b)高通滤波运算后的栅格图层

(2)地形参数运算：如坡度、坡向的运算，平面曲率、剖面曲率的计算，水流方向矩阵，等等，如图 7 - 34 所示。本部分内容会在第 8 章进行详细讲解。

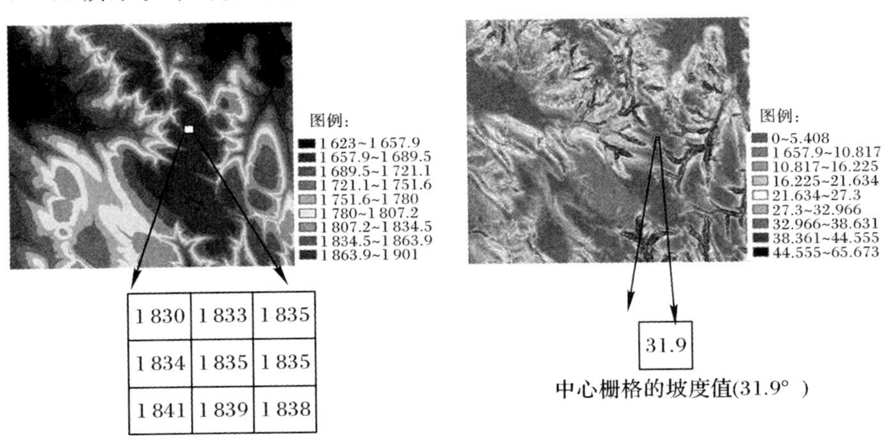

图 7 - 34　地形参数运算窗口分析

7.6　网络分析

在现实世界中，很多社会、经济活动都是以网络的形式运作的，如交通网络、电网等。对地理网络（如交通网络）、城市基础设施网络（如电力线、供排水管线、天然气管线等）进行地理分析模型化，是地理信息系统中网络分析功能的主要目的。

网络分析是通过研究网络的状态及模拟和分析资源在网络上的流动和分配情况，对网络结构及其资源等的优化问题进行研究的一种空间分析方法。其根本目的是研究、筹划一项网络工程如何安排，并使其运行效果最好。网络分析主要解决两大类问题：一类是研究地理网络的结构，比如最短路径、最优路径的求解问题；另一类是研究资源在网络中的定位与分配，比如确定资源的最佳分配方式等问题。网络分析目前在电子导航、交通旅游、各种城市管网和配送、急救等领域发挥重要的作用。

7.6.1　网络的组成

网络是由若干线状要素和点状要素相互连接形成的，其最基本的元素是链和结点（见图 7－35）。

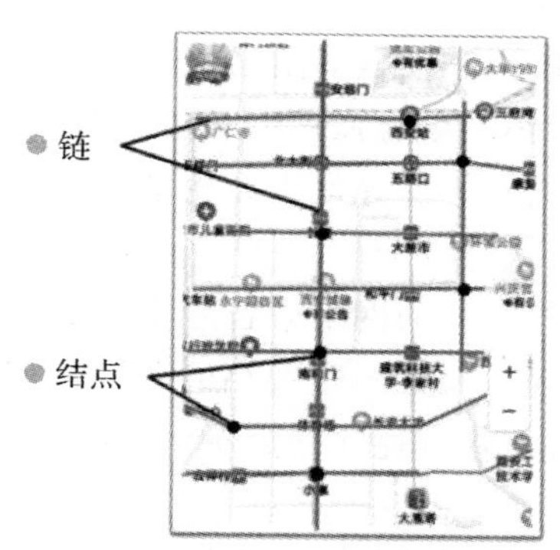

图 7－35　网络中的链和结点

1. 线状要素——链

链构成了网络的骨架，是资源传输通道或实体间连接的纽带，包括有形实体如街道、河流、水管等，无形实体如通信网等，其状态属性包括阻强（经过一条链路的成本）和资源需求量。比如有一个超市需要 15 件纯净水，让一辆货车送货，货车最高行驶速度为 60 km/h，需要用时 3 min，则资源需求量为 15，阻强为 3。

2. 点状要素——结点

结点是网络中网络链的端点或者交汇点，除交通网中交叉路口外，车站、港口、中转站、河流汇合点等都是结点。其中障碍、拐点、中心以及站点为四种特殊类型的结点。

（1）障碍：禁止资源在网络上流动的结点，比如说河流的闸门、交通网络中的路障等。

（2）拐点：资源流动方向可能发生变化的结点，即资源从一条链上经过拐点可以转向另一条链。拐点本身具有属性和阻强，如交通网中的红绿灯十字路口就是一个拐点，左转就是它的属性,左转需要的时间就是它的阻强。

(3)中心:网络中具有一定容量,能够接收或分配资源的结点,其状态属性包括资源容量和阻强限额。资源容量是指总的资源量,而阻强限额是指中心点与链之间的最大距离或时间限制。比如说学校,它能容纳的学生人数就是它的资源容量,周围 2 km 以内的学生都可以来这个学校上学,那么这个 2 km 就是它的阻强限额。另外,像公交系统网络的汽车总站、水系网络中的水库、街道网络中的医院和商业中心等,都是中心。

(4)站点:网络中资源增减的点,但不一定在网络结点上,如物流站、公交车站点、网络中物流的装卸位置等,状态属性有要被运输的资源需求,如产品数。站点的资源需求量为正值时,表示该站点增加资源,为负值时,表示该站点减少资源。

7.6.2 网络中的属性

除了链和结点外,非空间的属性也是网络的重要组成部分,一般以表格的方式存储在地理信息系统的数据库中,以便构造网络模型和进行网络分析,比如在城市交通网络中,属性包括每一段道路的名称、速度上限、宽度等。特殊的属性主要包括阻强、资源容量和资源需求量。

1. 阻强

阻强,也叫阻碍强度,它是资源在网络中流动时的阻力大小,一般用距离、所花费的时间、成本等衡量,类型包括链的阻强和拐点的阻强。链的阻强描述的是从链的一个结点到另一个结点所克服的阻力,它的大小一般与弧段的长度、方向、属性及结点类型等有关。拐角点的阻强描述的是资源流动方向在结点处发生改变的阻力大小,它随着两条相连链弧的条件状况而变化。

运用阻强概念的目的是模拟真实的网络中各路线及转弯的变化条件。网络分析中选取的资源最优分配和最优路径会随着要素阻强大小的不同而变化,最佳路径一般是一条阻强最小的路径,对不构成通道的链或拐点往往会赋予负的阻碍强度,这样在选取最佳路线时可自动跳过这些链或拐点。

2. 资源容量

资源容量是网络中心为了满足各链的需求,能够容纳或提供的资源总数量,也指从其他中心流向该中心或从该中心流向其他中心的资源总量。如水库的总容水量、宾馆的总容客量、货运总站的仓储能力等。

3. 资源需求量

资源需求量是网络链或结点能收集的或可提供给某一中心的资源量,如水网中水管的供水量、沿街道的学生分布。

7.6.3 网络分析的主要功能

1. 路径分析

路径分析是网络分析中最典型、最常用的功能,它的核心就是求解最佳路径。所谓最佳路径,就是将网络中两个指定的结点连接起来的一条阻碍强度最小的路径。根据阻碍强度的不同，最佳路径就可以定义为纯距离意义上的最短路径、时间意义上的最短路径，以及经济意义上的最短路径。

为了更方便地进行最佳路径分析，需要将网络转换成加权有向图，即给网络中的弧段赋予权值，权值需要根据约束条件确定，若一条弧段起点和终点之间的长度为权值，那么最佳路径就是寻找任意两结点间长度最短的路径。

Dijkstra 算法是计算最短路径的经典算法，其基本思想是把赋权图中的顶点分为 S、T 两类，若起始点 V_0 到某顶点 V_i 的最短路径已求出，则将 V_i 归入集合 S 中，其余顶点归入集合 T 中。开始时集合 S 中只有顶点 V_0，随着循环计算，集合 T 中的元素逐个转入集合 S 中，当目标顶点转入集合 S 中后，结束整个计算。

【例 7－2】 Dijkstra 算法例解。

计算图 7－36 中顶点 V_0 到顶点 V_6 的最短路径。

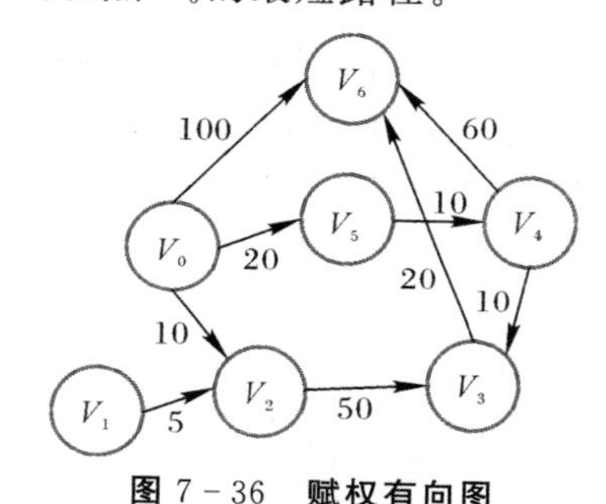

图 7－36　赋权有向图

首先假设一个已求出最短路径的顶点集合 S、一个未求出最短路径的顶点集合 T，以及已确定的最短路径 W 和中间结转路径 U。

第一步：一个点到它本身的距离最短，为 0，因此：

$W(V_0)=0$

$U(V_1)=\infty$　　$U(V_2)=\infty$　　$U(V_3)=\infty$

$U(V_4)=\infty$　　$U(V_5)=\infty$　　$U(V_6)=\infty$

把 V_0 移入数组 S 中，其余顶点移入数组 T 中。

$S=\{V_0\}$

$T=\{V_1,V_2,V_3,V_4,V_5,V_6\}$

第二步：计算 V_0 点到其能直接到达的顶点之间的距离。

$U(V_1)=\infty$　　$U(V_2)=10$　　$U(V_3)=\infty$

$U(V_4)=\infty$　　$U(V_5)=20$　　$U(V_6)=100$

在这一组距离中，$U(V_2)$最短，因此把顶点 V_2 移入集合 S 中，且

$W(V_2)=10$

$S=\{V_0,V_2\}$

$T=\{V_1,V_3,V_4,V_5,V_6\}$

第三步：随着 V_2 点加入终点集合，便可以计算 V_0 点经由 V_2 点到达的其他顶点的距离了，依次递推计算，直到

$U(V_1)=\infty$ $U(V_6)=60$

在这一组距离中，$U(V_3)$最短，因此把顶点 V_3 移入集合 S 中，且

$W(V_6)=60$

$S=\{V_0, V_2, V_5, V_4, V_3, V_6\}$

$T=\{V_1\}$

随着顶点 V_6 加入终点集合 S 中，结束计算，由于始终不能从 V_0 到达 V_1，所以它们之间的距离为无穷大。在整个计算过程中，不仅计算出了 V_0 点到 V_6 点的最短距离，还计算出了 V_0 点到其余各顶点的最短路径及距离。

表格 7－2 列出了点 V_0 到其他各顶点的所有路径，灰色框中所显示的信息是 V_0 到该顶点的最短距离及最短路径。Dijkstra 算法作为典型的单源最短路径算法，主要特点是以起始点为中心向外层层扩展，直到扩展到终点为止。这种算法不仅可以计算出起点到终点之间的最短路径，还可以计算出起点到其他各个顶点的最短路径。

表 7－2 V_0 到其他各顶点的距离

起点	终点	距离			
V_0	V_1	∞	∞	∞	∞
	V_2	$10(V_0, V_2)$	X	X	X
	V_3	∞	$60(V_0, V_2, V_3)$	$40(V_0, V_4, V_3)$	X
	V_4	$30(V_0, V_5, V_4)$	$30(V_0, V_4)$	X	X
	V_5	$100(V_0, V_5)$	$100(V_0, V_5)$	$90(V_0, V_4, V_5)$	$60(V_0, V_4, V_3, V_5)$

2. 资源分配

资源分配是根据中心的容量以及链和结点的需求将链和结点分配给最近的中心，分配过程中阻力的计算是沿最佳路径进行的。资源分配的目的是对若干服务中心进行优化，划定每个中心的服务范围，在把网络元素分配给中心的同时，把中心的资源也分配给了这些网络元素，所以中心所拥有的资源量会依据网络元素的需求而减少，当中心资源耗尽时，即停止分配。

资源分配网络模型由中心点（分配中心）及其状态属性和网络组成。分配方式有两种：一种是由中心向四周输出；另一种是由四周向中心集中。

【例 7－3】 资源分配算法。

如图 7－37 中，有两个中心点，结点 210 和结点 215，计算 13 号弧段的最佳分配中心。

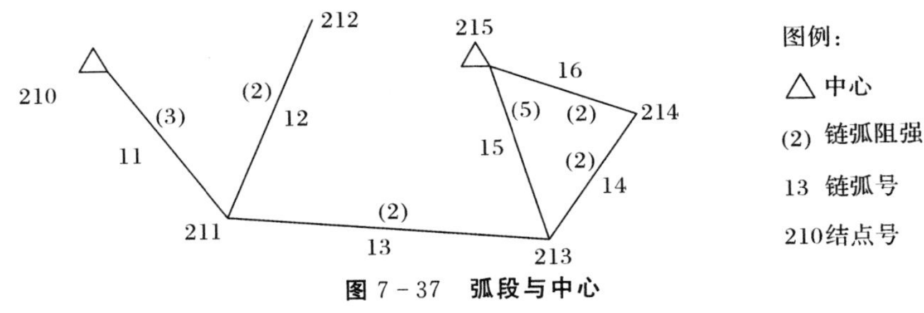

图 7－37 弧段与中心

资源分配的原则是将已有路径的累计阻强加上该弧段自身的阻强，选取总阻强最小的路径，与该路径相连的中心为最佳中心。根据图 7－37，13 号弧段的分配方案与阻强（cost）如下：

至 210 点：cost ＝3＋2＝5

至 215 点：cost ＝2＋2＋2＝6

因此，应该把弧段分配至 210 中心。假如到两个中心的累计阻强相等，则可取任意中心，或者再参考其他条件进行选择。

3. 最佳选址

网络分析的第三个功能就是最佳选址。最佳选址就是确定机构设施的最佳地理位置，需要考虑需求与供给在空间上的相互作用，据此选择需求点或者供给点的最佳地理位置，以获得最大的经济效益或最小的运输成本，适用于医院、消防站、连锁超市、仓库等服务设施的布局问题。

在一个网络中，可以计算出一个顶点到其他顶点的最短距离，在这些距离中，有一个最大的距离称为最大服务距离，如果这个距离最短的话，就说明这个结点在网络中是处于最便捷位置的结点，称之为中心点，其具体实施过程可以用图论来描述。

假设 $G(V,E)$ 是一个无向赋权连通图（见图 7－38），其中 $V=\{V_1,V_2,\cdots, V_n\}$ ，$E=\{E_1,E_2,\cdots, E_n\}$，权值为两个顶点之间的距离。

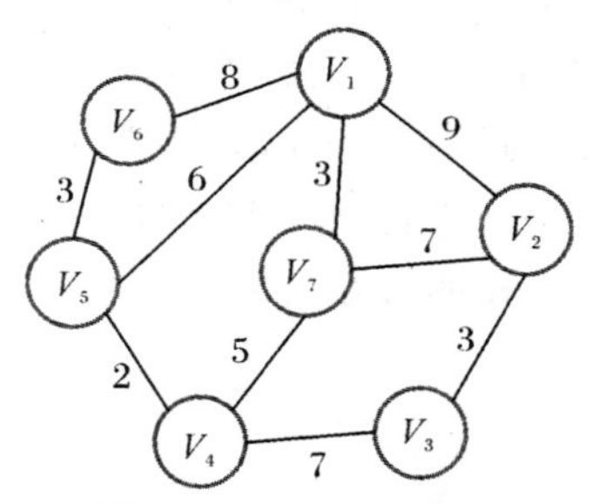

图 7－38　无向赋权图

对于每个顶点 V_i，它到各顶点都有一个最短路径长度 $d_{i1},d_{i2},\cdots,d_{in}$，其中，这几个最短路径长度中的最大值就是顶点 V_i 的最大服务距离，记为 $e(V_{i0})$，则有

$$e(V_{i0})=\max(d_{i1},d_{i2},\cdots,d_{in})$$

中心选址问题就是求 G 中的顶点 V_i，要求该顶点的最大服务距离达到最小，即 $e(V_{i0})=\min\{e(V_i)\}$。

【例 7－4】　最佳选址例解。

假设图 7－38 中的 7 个顶点代表着 7 个乡镇，要在所辖范围的 7 个乡镇之一修建设施并成立一个救援队，为 7 个乡镇服务，那么救援队应该建在哪个乡镇，才能保证救援队到最远乡镇的距离达到最小？

首先计算出每个顶点到其余各顶点的最短路径，并形成最短路径矩阵。

$$[d_{ij}]=\begin{bmatrix} d_{11} & d_{12} & d_{13} & d_{14} & d_{15} & d_{16} & d_{17} \\ d_{21} & d_{22} & d_{23} & d_{24} & d_{25} & d_{26} & d_{27} \\ d_{31} & d_{32} & d_{33} & d_{34} & d_{35} & d_{36} & d_{37} \\ d_{41} & d_{42} & d_{43} & d_{44} & d_{45} & d_{46} & d_{47} \\ d_{51} & d_{52} & d_{53} & d_{54} & d_{55} & d_{56} & d_{57} \\ d_{61} & d_{62} & d_{63} & d_{64} & d_{65} & d_{66} & d_{67} \\ d_{71} & d_{72} & d_{73} & d_{74} & d_{75} & d_{76} & d_{77} \end{bmatrix}=\begin{bmatrix} 0 & 9 & \boxed{12} & 8 & 6 & 8 & 3 \\ 9 & 0 & 3 & 10 & 12 & \boxed{15} & 7 \\ 12 & 3 & 0 & 7 & 9 & \boxed{12} & 10 \\ 8 & \boxed{10} & 7 & 0 & 2 & 5 & 5 \\ 6 & \boxed{12} & 9 & 2 & 0 & 3 & 7 \\ 8 & \boxed{15} & 12 & 5 & 3 & 0 & 10 \\ 3 & 7 & 10 & 5 & 7 & \boxed{10} & 0 \end{bmatrix}$$

图中被框出的距离就是每个顶点的最大服务距离，接着求这些最大服务距离的最小值，就是中心点。

$$[d_{ij}]=\begin{bmatrix} 0 & 9 & 12 & 8 & 6 & 8 & 3 \\ 9 & 0 & 3 & 10 & 12 & 15 & 7 \\ 12 & 3 & 0 & 7 & 9 & 12 & 10 \\ 8 & \boxed{10} & 7 & 0 & 2 & 5 & 5 \\ 6 & 12 & 9 & 2 & 0 & 3 & 7 \\ 8 & 15 & 12 & 5 & 3 & 0 & 10 \\ 3 & 7 & 10 & 5 & 7 & \boxed{10} & 0 \end{bmatrix}$$

所以，救援队应该设置在 V_4 或者 V_7 所代表的乡镇。

通过网络分析，可以确定一个中心结点的服务范围，缓冲分析也是求解影响范围或服务范围问题的空间分析方法，它们之间是有区别的。网络分析是基于网络阻强进行的分析，网络阻强可以是距离、时间，也可以是一种费用成本；而缓冲区分析则是基于要素进行外延的一种分析手段，前者更符合医院、学校的覆盖度问题，后者更适合分析无线信号的覆盖度等问题。

思考题

1. 在矢量数据的叠置过程中会出现什么问题？通常怎么解决？

2. 以格网 DEM 为数据源，试阐述利用窗口分析方法提取山顶点的步骤。

3. 试阐述寻找山地两点间最短路径的方法。

4. 结合自己的专业，谈谈基本空间分析方法的应用。

5. 对某地建设核电站进行适宜性评价，假设建设核电站的影响因素为：①到海湾的距离，表现为越临近“海湾”越适宜；②交通便捷，表现为越接近“公路”越适宜；③地形地质，表现为“坡度”越小越适宜，地质条件“类型”越高越安全。

请回答下列问题：

(1)解决该问题，需要哪些数据源并说明其类型？

(2)解决该问题需要使用 GIS 空间分析中哪些分析方法及处理流程？

第 8 章　DEM 与数字地形分析

地形表达了地球表面的高低起伏变化。如何正确地认识地形、有效地利用地形是人类在生产生活中一直探索的问题。千百年来，人们尝试用各种方法、手段表达自己眼中的地形地物。从地形的写景表达、图形表达、图像表达到图形图像的结合表达，技术的发展与进步推动着表达方式的更新迭代。借助于数字化表达手段，现实世界的复杂地形特征将以更为精细和逼真的模型再现于计算机中。

8.1　数字高程模型

1958 年，美国麻省理工学院 Charles L. Miller 教授在其毕业论文 *The theory and application of the Digital Terrain Model* 中，对数字地面模型（digital terrain model，DTM）概念及应用进行了详细阐述。数字地面模型的提出为综合利用计算机技术和摄影测量学解决工程项目提供了新思路，开启了数字地形表达的新阶段。

Charles L. Miller 在其论文中，对 DTM 定义如下：The digital terrain model is a statistical representation of the continuous surface of the ground by a large number of selected discrete points with known xyz coordinate in an arbitrary data coordinate field（数字地面模型是在任意场中利用大量已知 xyz 空间坐标的地面点对连续地面的统计表示）。地形属性包括高程、坡度、坡向、曲率等因子，当地形属性为高程时，即为数字高程模型（digital elevation model，DEM）。坡度、坡向、曲率等因子是高程直接或间接的函数，均可通过 DEM 计算获得。因此，DEM 是 DTM 的子集，是 DTM 最基本的部分。

虽然 DEM 的表现形式是一个产品，但同时也代表着一种建模过程，包括数据采集、数据处理和应用三部分，全面反映了地理信息系统空间分析的基本思路和方法，如图 8 - 1 所示。

数字高程模型通过有限的地面高程数据数字化地表示地形表面形态，模型化地表达和模拟具有连续变化特征的地理现象。基于微分的思想，可以理解为对地形表面进行无穷分割，直至可以用一系列的曲面或平面来逼近地形表面。而曲面或平面可以简单表示为有限的采样点通过某种规则连接而成。因此，DEM可以理解为区域D的采样点或内插点P_j按某种规则ζ连接成的面片M的集合。

$$\left.\begin{array}{l}\text{DEM}=\{M_i=\zeta(P_j)\mid P_j(x_j,y_j,H_j)\in D,\quad j=1,2,\cdots,n,i=1,2,\cdots,m\}\\ H_j=f(x_j,y_j)\end{array}\right\}\quad(8-1)$$

式中：x_j、y_j为P_j的地理坐标；H_j为P_j的高程。

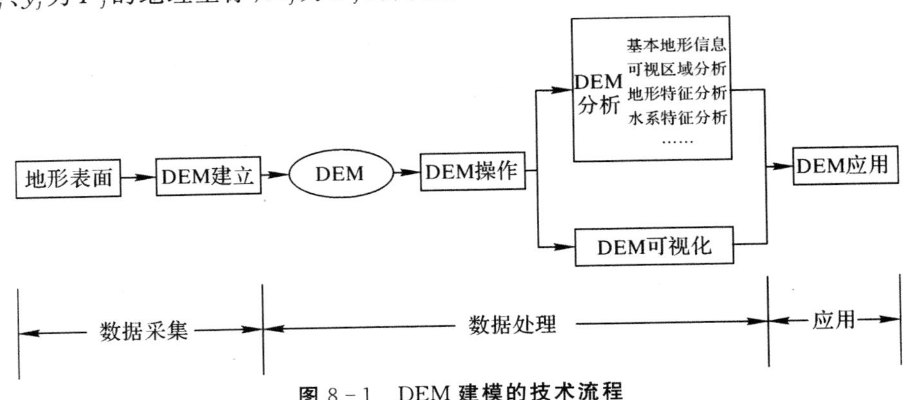

图8-1　DEM建模的技术流程

从建模的角度出发，对绵延起伏的地形表面进行数字化表达流程如下：

根据地表形态特征将地形表面抽象为具体的数据模型，从物理视角出发，将地表观测数据按照一定结构组织在一起以表达数据模型，借助计算机和编程语言实现地形数据管理和地形重建。由于高程具有连续变化特征，回顾第3章“空间数据模型”中的内容，应当采用场模型表达地形变化。在实际表达中，在有限时空范围内常采取6种具体的场模型(见图3-2)来获取足够高精度的样点观测值来表征场的变化。

空间数据模型在概念层次对地形表面进行语义描述，通过空间数据结构[也就是公式(8-1)中的连接规则ζ]完成具体实现，将地形表面以规则分布、不规则分布的格网或等高线进行表达。

8.1.1　规则格网DEM

当公式(8-1)中ζ为正方形格网时，称为基于规则格网的DEM(Grid based DEM)。其构造过程如图8-2所示，是将原始离散采样点转换为规则分布的格网点的数学变换过程，具体如下：

根据DEM的应用目的确定格网尺寸，对研究区域进行格网划分，形成覆盖研究区的格网空间结构。在格网尺寸确定的前提下，格网点的空间位置可以通过计算获得，即确定x、y坐标。那么，高程z值如何确定呢？利用空间内插的方法，通过分布在格网点周围的地形采样点和内插方法，计算格网点的高程值，按一定的格式输出，形成该地区的格网DEM，如图8-2所示。

从数学的角度出发，可以将格网DEM理解为按照一定格网分辨率划分的n行m列的高程矩阵，其空间位置隐藏在矩阵的行列号中，如公式(8-2)所示。

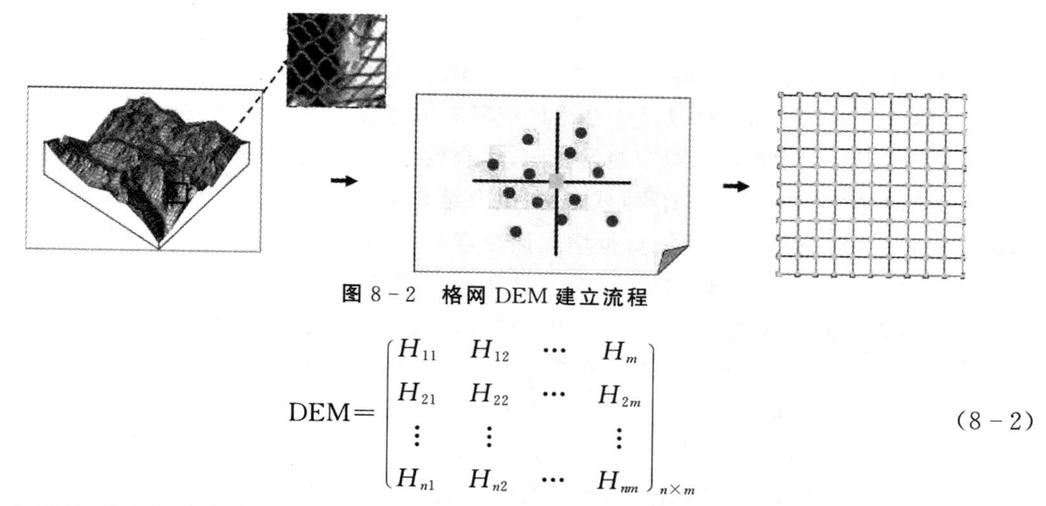

图 8－2　格网 DEM 建立流程

$$\mathrm{DEM}=\begin{bmatrix} H_{11} & H_{12} & \cdots & H_{m} \\ H_{21} & H_{22} & \cdots & H_{2m} \\ \vdots & \vdots & & \vdots \\ H_{n1} & H_{n2} & \cdots & H_{nm} \end{bmatrix}_{n\times m} \tag{8-2}$$

由于地形具有连续变化特征，根据 Waldo R. Tobler 于 1970 年提出的地理相似定律：Everything is related to everything else, but near things are more related to each other，空间内插成为确定格网点高程的关键方法。进行空间插值的两个基本条件：控制点和插值方法。

控制点（又称采样点）是已知高程数值的点，是空间插值建立插值方法（数学方程）的必要数据。那么，如何确定控制点呢？主要从控制点的分布、密度和精度几个方面进行考虑。

采样数据的位置及分布，分为规则分布和不规则分布（见表 8－1）。其中，不规则分布根据是否具有地形特征进一步分为两类：一类是具有特征的链状数据，即沿着某一特征线分布数据，如河流、断裂线、山脊线等特征线；一类是没有特征的随机分布数据，即按照一定概率随机分布，没有任何的特定形式。数据的密度是指采样数据的密集程度，取决于研究区域的地貌类型和地形的复杂程度。采样数据的精度与数据源、数据的采集方法和数据的采集仪器有关，如野外测量、影像、地形图扫描的精度依次由高到低。

表 8－1　采样数据的分布

<table>
<tr><td rowspan="4">规则分布</td><td rowspan="2">二维规则格网</td><td>矩形格网分布</td></tr>
<tr><td>正方形格网分布</td></tr>
<tr><td rowspan="2">特殊规则格网</td><td>三角形分布</td></tr>
<tr><td>六边形分布</td></tr>
<tr><td rowspan="4">不规则分布</td><td rowspan="2">一维分布</td><td>剖面</td></tr>
<tr><td>沿高线采样</td></tr>
<tr><td>链表分布</td><td>沿断裂线等特征线分布采样</td></tr>
<tr><td>随机分布</td><td>随机分布采样</td></tr>
</table>

一般来说，控制点需要尽可能多，且分布均匀，最重要的是它们能够反映要素空间分布的主要轮廓特征。然而这是理想状态下的控制点分布，研究区内出现数据贫乏的区域也是很常见的，如全国气象观测站在青藏高原上的分布就非常稀疏。控制点过少、过于稀疏的地区，插值效果往往都不甚理想。通过合理布设控制点，可以实现用尽可能少的观测点数据达

到最好的插值效果。

根据 DEM 内插范围，主要讲述整体内插、局部分块内插和逐点内插。

(1)整体内插。整体内插是基于整个区域所有采样点的观测值建立数学函数来表达地形曲面，主要通过多项式函数拟合地形曲面，拟合效果与多项式的次数有关。次数越低，拟合的表面越粗糙；次数越高，拟合面越光滑，拟合结果越接近实际表面。但高次多项式存在函数不稳定、次数增加导致的计算量增大而精度提高不大等缺点，一般选择两次或三次即可。整体内插通常是与局部内插方法配合使用，例如在进行局部内插前，利用整体内插去掉不符合总体趋势的宏观地物特征；也可用来进行地形采样数据中的粗差检测。

(2)局部分块内插。虽然低阶多项式可以表达多种地形曲面，但反映的是研究区的宏观地形特征，不能很好地表达区域内局部复杂的地貌形态。按照无穷分割的微分思想，将复杂的地形地貌分解成一系列具有单一结构的局部单元。随着分解单元面积的缩小，相应的曲面形态随之简化，进而可以用简单的数学曲面予以描述。这种按一定的方式对地形区域进行分块，根据每一块的地形曲面特征进行曲面拟合和高程内插的方法称为 DEM 局部分块内插。

对于分块而言，可参考表 8-1 按照规则区域或地形结构线进行分块，分块大小取决于地形的复杂程度、地形采样点的密度和分布。根据各分块地形曲面形态不同，可以使用不同的内插函数，包括线性内插、双线性内插、多项式内插、样条函数、多层曲面叠加法等。同时，各分块之间要保证一定重叠度，或者对内插曲面补充一定的连续性条件以保证各分块之间的连续性。

(3)逐点内插。DEM 分块内插的分块单元大小、形状和位置是不变的，落在该块的内插点都用该块的内插函数进行计算。如果在分块单元内部存在突变的地形，如何突破内插区域内插函数的限制，更好地反映复杂区域的地形起伏呢？可以采用变“静态”为“动态”的策略，即内插函数随着内插点动态改变以适应地形突变，称为逐点内插，其本质仍为局部分块内插。

逐点内插法的邻域范围大小、形状、位置乃至采样点个数随内插点的位置改变而改变，一套数据和方法只用来计算一个内插点。由于内插效率较高，逐点内插成为目前 DEM 生产常采用的方法。

逐点内插的基本步骤：①确定内插点的邻域范围；②确定落在邻域区域内的采样点；③确定内插函数；④通过邻域内的采样点和内插函数计算内插点的高程。

1)邻域和邻域内点的确定。采样点的选取对插值精度和插值速度有着显著影响。邻域搜索策略包括采样点的搜索点数、形状、半径和方向。

采样点的点数应在满足插值精度要求的基础上控制数量，以防止数据冗余造成计算量过大。对于不同的内插函数，所需采样点数量不同。例如，加权平均法需要 4～10 个点，移动曲面拟合需要大于 8 个点，最小二乘拟合需要大于 6 个点。

邻域搜索区域的形状，一般用圆形、正方形、椭圆形等表示。其中，最常用的是搜索圆和搜索正方形。

邻域搜索圆是以当前内插点为圆心，按照一定半径建立的圆形邻域，该邻域的初始半径

R 可按照下述经验公式确定：

$$R=\sqrt{k\frac{A}{n\pi}} \tag{8-3}$$

式中：A 为所包含的所有采样数据的区域面积（近似值，可采用最大、最小坐标定义的矩形范围计算）；n 为采样点数据总个数；k 为数据量的平均值，一般为 7。

若邻域内的点数过多或过少，可调整搜索圆半径以满足搜索点数要求，如图 8-3 所示。当点数过多时，适当扩大搜索圆半径；当点数过少时，适当缩小搜索圆半径。

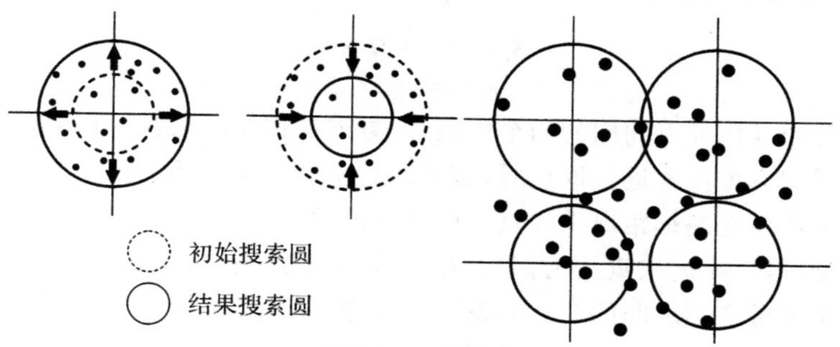

图 8-3　搜索圆

搜索正方形是在内插点周围建立一定边长的正方形区域，初始正方形边长 s 可按照如下方法计算：

$$s=\sqrt{k\frac{A}{n}} \tag{8-4}$$

式中：A 为所包含的所有采样数据的区域面积（近似值，可采用最大、最小坐标定义的矩形范围计算）；n 为采样点数据总个数；k 为数据量的平均值，一般为 7。

如果内插点的坐标为 (x,y)，则当采样点坐标为 (x_i,y_i) 满足下式时，采样点为邻域点：

$$x-\frac{s}{2}\leqslant x_i\leqslant x+\frac{s}{2},\quad y-\frac{s}{2}\leqslant y_i\leqslant y+\frac{s}{2} \tag{8-5}$$

若邻域内的点数过多或过少，可调整搜索正方形边长以满足搜索点数要求，如图 8-4 所示。

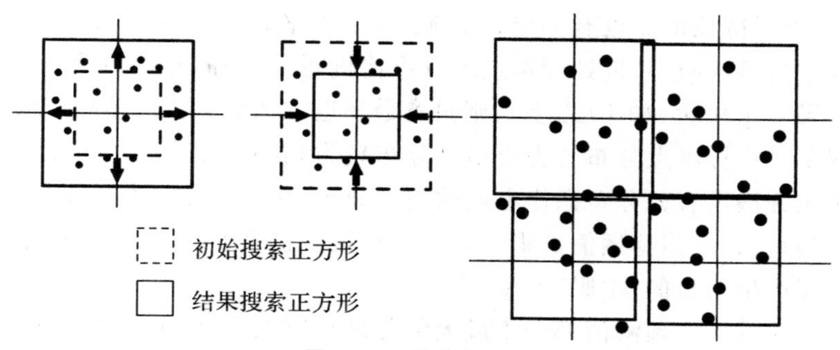

图 8-4　搜索正方形

当数据点分布不均匀时，一般采用限制方位搜索，以保证各个方向上的采样点满足数量要求。一般采用的划分方法是四方向和八方向限制，如图 8-5 所示。

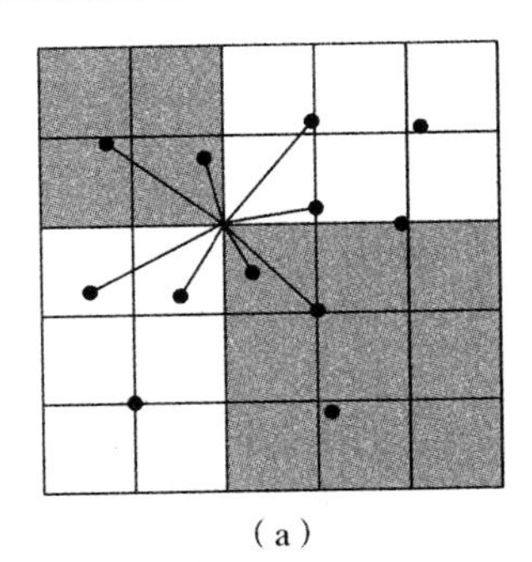
(a)

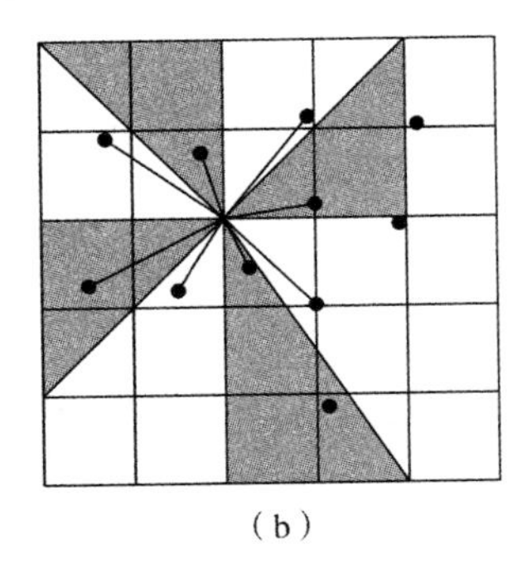
(b)

图 8－5 **搜索方向**

(a)四方向；(b)八方向

四方向是分布在内插点周围的四个象限，八方向是按45°将内插点邻域划分为8个扇形区域。在应用限制方位搜索进行取点时，需要注意采样点与内插点之间的距离，不能一味追求象限内点的个数而忽略远距离采样点对内插点的贡献。

2)内插模型(以反距离权重法为例)。反距离权重法(inverse distance weight，IDW)以待插值点与若干邻近样本之间的距离的倒数为权重，采用加权平均的方式计算待插值点的值，属于确定性的内插方法，也是一种局部拟合方法。

反距离权重法基于地理相似定律，认为距离越近的点对待插值点的影响越大，而距离越远的点对待插值点的影响越小。该方法假设各已知采样点对待插值点的预测值都有局部影响，其影响随着距离的增加而减小，离待插值点近的已知采样点在预测过程中所占的权重大于离待插值点远的已知采样点的权重。其一般公式为

$$\left.\begin{aligned} P_i &= \frac{d_i^{-p}}{\sum_{i=1}^{n} d_i^{-p}} \\ \hat{Z}(X_0,Y_0) &= \sum_{i=1}^{n} P_i Z(X_i,Y_i) \end{aligned}\right\} \tag{8-6}$$

反距离权重法计算出的表面受幂值 p 和邻域搜索策略的影响较大。p 值用于控制权重值的降低速度，其大小对插值结果有显著的影响。如果 $p=0$，$d_i^{-p}=1$，权重均相同，不产生距离衰减。因此，预测值将是搜索邻域内的所有样本点数据值的算术平均值。若 p 值较小，远处的样本点对待插值点也有一定的影响，拟合的表面较为光滑；随着 p 值的增大，较远样本点的权重将迅速减小，近处样本点的权重比例迅速增加，拟合的表面不够光滑，有更多的细节。如果 p 值极大(如10以上)，则只有最邻近的数据点会对预测产生影响。

反距离权重法在样本点分布较为密集且分布较为均匀的情况下，可以得到较好的插值效果。但由于该方法没有充分考虑样本点的空间分布，在样本点较为稀疏的地点，插值结果会产生较大的偏差，并且当待插值点附近的样本点数据很大或很小时，待插值点的结果容易受极值的影响而产生明显的“牛眼”现象。

反距离权重法的所有预测值都介于最大值与最小值之间，产生的等高线较小且封闭，存在许多孤立点的数据高于周围的数值。

3)通过邻域内的采样点和内插数学模型计算内插点的高程。

以IDW为例，已知点与内插点如图8－6所示。

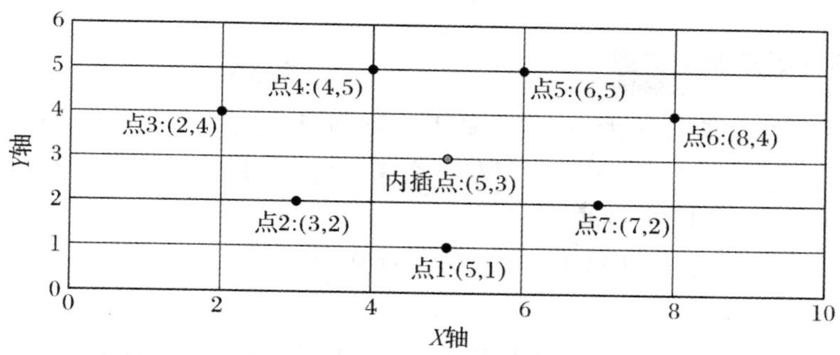

点 号	X	Y	H	点 号	X	Y	H
1	5	1	15	5	6	5	75
2	3	2	25	6	8	4	100
3	2	4	25	7	7	2	25
4	4	5	50	内插点	5	3	?

图 8-6　反距离权重法内插示例

计算未知点到内插点的距离：

$$d=\sqrt{(x_i-x_0)^2+(y_i-y_0)^2}$$

计算每个点的权值：

$$P_i=\frac{d_i^{-u}}{\sum_{i=1}^{n} d_i^{-u}}\ (u=2)$$

$$\sum_{i=1}^{7} d_i^{-2}=\frac{1}{d_1^2}+\frac{1}{d_2^2}+\frac{1}{d_3^2}+\frac{1}{d_4^2}+\frac{1}{d_5^2}+\frac{1}{d_6^2}+\frac{1}{d_7^2}=\frac{5}{4}$$

$$P_1=\frac{1}{5},\ P_2=\frac{4}{25},\ P_3=\frac{2}{25},\ P_4=\frac{4}{25},\ P_5=\frac{4}{25},\ P_6=\frac{2}{25},\ P_7=\frac{4}{25}$$

计算高程：

$$\hat{Z}(X_0,Y_0)=\sum_{i=1}^{n}P_iZ(X_i,Y_i)$$

$$\begin{aligned}\hat{Z}(5,3)&=\sum_{i=1}^{7}P_iZ(X_i,Y_i)\\&=\frac{1}{5}\times 15+\frac{4}{25}\times 25+\frac{2}{25}\times 25+\frac{4}{25}\times 50+\\&\quad\frac{4}{25}\times 75+\frac{2}{25}\times 100+\frac{4}{25}\times 25=41\end{aligned}$$

规则格网 DEM 以矩阵形式存储高程数据，数据结构、计算方法和存储管理简单，数据采集自动化程度高，具有良好的表面分析功能，是目前广为采用的 DEM 数据结构（如 SRTM DEM、ASTER GDEM 等）。其缺点如下：存在地形平坦区域的数据冗余问题；在不改变格网大小的情况下，难以表达复杂地形的突变现象，不能准确表示地形的结构和细部[为避免这些问题，可采用附加地形特征数据（如地形特征点、山脊线、谷底线、断裂线）描述地形结构]；数据量过大，通常要进行压缩存储。

8.1.2 不规则三角网模型

当公式(8－1)中 ζ 为三角形时，称为基于不规则三角网的 DEM(irregular triangulated network based DEM，TIN)，其实质是用互不交叉、互不重叠的连接在一起的三角形网络逼近地形表面，表示为三角形 T 的集合。

$$\text{DEM}=\{T_i, T_i=\tau(P_j, P_l, P_k)\} \tag{8-7}$$

式中：τ 为三角剖分准则。

三角剖分准则是建立三角形网络的基本原则，决定着三角形的几何形状和三角网质量。目前，常用的三角剖分准则有空外接圆准则、最大最小角准则、最短距离和准则、张角最大准则、面积比准则和对角线准则等。

一般而言，在同一准则下由不同的位置开始建立三角形网络，其最终的形状和结构应是相同的，即三角网具有唯一性。理论可以证明：空外接圆准则和最大最小角准则是等价的，均可以保证三角网的唯一性。通常，将在空外接圆准则、最大最小角准则约束下进行的三角剖分称为 Delaunay 三角剖分，生成的三角形称为 Delaunay 三角形，由这样系列的三角形构成的三角网称为 Delaunay 三角网。

空外接圆准则指的是，一个三角形的外接圆内不能包括点集中的任何其他点。图 8－7 是 Delaunay 三角形的示意图，图 8－7(a)为一组采样点(A、B、C 和 D)，若选择 C 与 A、B 构建△ABC，则 D 位于△ABC 外接圆内，不符合空外接圆准则，如图 8－7(b)所示；若选择 D 与 A、B 形成三角形网络构建△ABD，C 位于△ABD 外接圆外，则符合空外接圆准则，因此这组数据应该由△ABD 和△ACD 构成三角形，如图 8－7(c)所示。

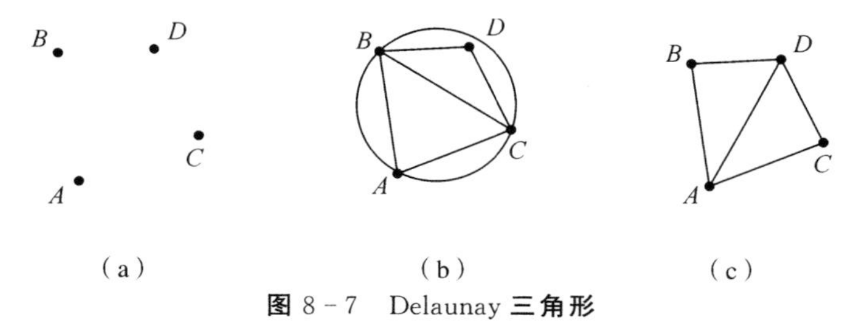

图 8－7　Delaunay 三角形

最大最小角准则指的是，对于由两个相邻的 Delaunay 三角形构成的凸四边形，如果交换此四边形的两条对角线，不会增加这两个三角形六个内角中的最小值。如果交换两条对角线时，最小角变大而最大角变小，则说明两三角形不是 Delaunay 三角形，需要优化，即交换两条对角线。图 8－8(a)中，三角形△ABC 和△ACD 构成了一个凸四边形，∠CAD 和∠ADC 分别为其最小内角和最大内角；当交换对角线时，如图 8－8(b)所示，新的最小内角∠CBD 大于∠CAD，新的最大内角∠ADB 小于∠ADC。这意味着，图 8－8(b)的构成形式是最优的。简单理解为，在各种构网模式中，最优构网模式的最小角最大，最大角最小。

利用最大最小角准则可以将非 Delaunay 三角网优化成 Delaunay 三角网，其基本思想是运用空外接圆性质对由两个有公共边的三角形组成的四边形进行判断，如果其中一个三角形的外接圆中含有第四个顶点，则交换四边形的对角线。由于优化通常在局部进行，所以也称为局部优化过程(local optimization procedure，LOP)。

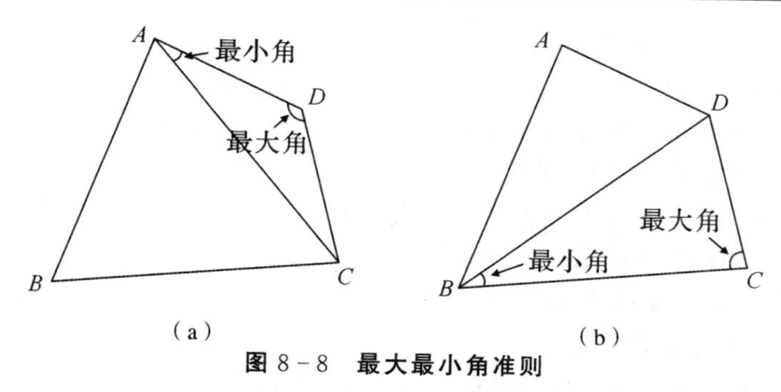

图 8-8　最大最小角准则

根据 Delaunay 三角网的空外接圆或者最大最小角性质，介绍两种构建 Delaunay 三角网的方法：递归生长法和逐点插入法。

递归生长法的实现首先是在数据集中任意找到一点作为起始点，找出与之最近的点作为起始基线，对起始基线按照 Delaunay 三角网的判别法则找出 Delaunay 三角形的第三个点，生成 Delaunay 三角形，并以该三角形的两条新边作为新的基线，重复以上过程，直至所有数据点处理完毕。

递归生长法的算法思路简单，但由于算法一直寻找满足 Delaunay 三角网判别法则的第三个点，实现效率不高。

逐点插入法又称 Bowyer-Waston 算法，其算法思想如下：定义一个包含所有数据点的初始多边形，将所有数据点按照一定顺序存储至链表中，依次将其插入超三角形中，通过空外接圆特性（或 LOP 法则）判断、优化、局部更新三角网，直至所有点都被插入三角网中。

逐点插入法不同于递归生长法，在该方法的构建过程中，已形成的三角网会随着新的数据点的插入而发生改变，是一个动态的过程。这种动态进行的局部改造过程也可用于对已有三角网的优化。利用 LOP 方法在已有三角网中不停插入（或删除）新点，局部更新三角网，最后优化为 Delaunay 三角网。

Delaunay 三角网具有六种基本性质，包括：

（1）唯一性：不论从何处开始构网，最终都将得到一致的结果；

（2）最近性：以最近的三点形成三角形，且各三角形的边都不会相交；

（3）凸包性：三角网最外层的边界形成一个凸边形的外壳；

（4）规则性：如果将三角网中的每个三角形的最小角进行升序排列，则 Delaunay 三角网的排列得到的数值最大；

（5）区域性：插入、删除或移动某一个三角形的顶点时只会影响临近的三角形；

（6）最优性：如果将由相邻三角形构成的凸四边形的对角线互换，那么两个三角形的六个内角中的最小角不会变大。

TIN 能够以不同分辨率来表达地形，根据地形的复杂程度来确定采样点的密度和位置，能充分表示地形特征点和线，从而减少了地形较平坦地区的数据冗余，与规则格网 DEM 相比较，可以以较少的点实现较高的精度，较好地反映实际地形信息。但 TIN 的数据结构较规则格网 DEM 复杂，除了存储高程数据外，还需存储每个顶点的平面坐标、顶点之间的连接关系和相邻三角形之间的拓扑关系，算法设计复杂。

8.1.3　DEM 的特点及发展

与传统模拟的地形表示相比，DEM 具有更高的扩展性，易于生成多种形式的地形形式;DEM 采用数字媒介,因而精度更稳定;DEM 数据的更新与集成具有更大的灵活性和便捷性,易于实现自动化、定量化和实时处理;易于多分辨率表达。

从 1972 年起,国际摄影测量和遥感的制图与数据库学会(IS－PRS)把 DEM 作为研究主题,并下设“摄影测量和遥感的制图与数据库应用”委员会,组织专门工作组开展国际合作研究。进入 20 世纪 90 年代,各国测绘业界把 DEM 纳入数字测绘生产的基础产品体系,DEM 已经成为独立标准的基础产品,越来越广泛地用来代替传统地形图中等高线对地形的描绘。今天,数字高程模型作为地球表面地形的数字产品,已成为空间数据基础设施和“数字地球”的表达重要组成部分。

数字高程模型作为新一代的地形图,是各种地学分析的数据基础。

8.2 数字地形分析

数字地形分析(digital terrain analysis,DTA)是在数字高程模型上进行地形属性计算和特征提取的数字信息处理技术,是地形环境认知的一种重要手段。

从地形分析的复杂性角度出发,DTA 可分为基本地形信息量算和复杂地形信息量算。基本地形信息主要包括坡度、坡向、地表粗糙度、地形起伏度、剖面曲率、平面曲率等地形描述因子;复杂地形分析包括地形特征分析、水系特征分析、可视区域分析等。其实,各种地形分析就环绕在我们身边,如山洪到来如何自救(见图 8－9)、路线选择、厂址规划、战术研究和战略决策等。

图 8－9　科普帖“山洪到来如何自救”部分内容

(https://www.emerinfo.cn/2022－07/14/c_1211666872.htm)

8.2.1　基本地形因子

地形曲面参数反映了地形曲面的固有特征,是其他复合地形参数、工程应用和地学模型的基础。基本地形参数的计算包括坡度、坡向、曲率和面元因子(相对高差、粗糙度、凹凸系数、高程变异等)等,其结果具有实际物理意义。

1. 坡度

地表面任意一点的坡度是指过该点的切平面与水平面的夹角(见图 8－10),反映了曲面的倾斜程度。坡度值越小,地势越平坦;坡度值越大,地势越陡峭。图 8－11 为榆林市的高程以及坡度的分布图。

在输出的坡度数据中,有两种计算方式:坡度(水平面与切平面的夹角,其值介于0°～90°)和坡度百分比(高程增量与水平增量之比,每百米的高程增量)。

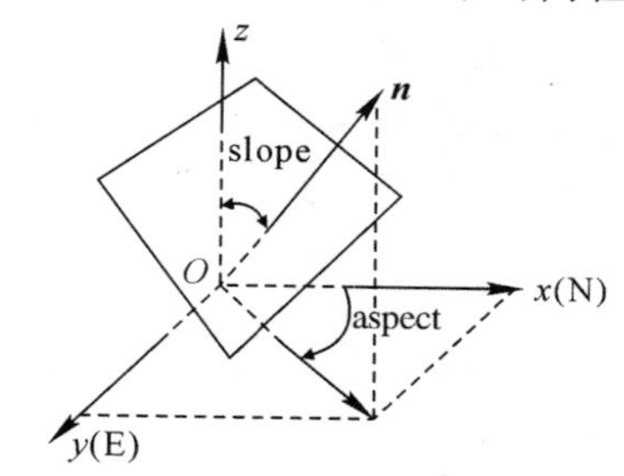

图 8－10　**地表坡度、坡向单元示意图**

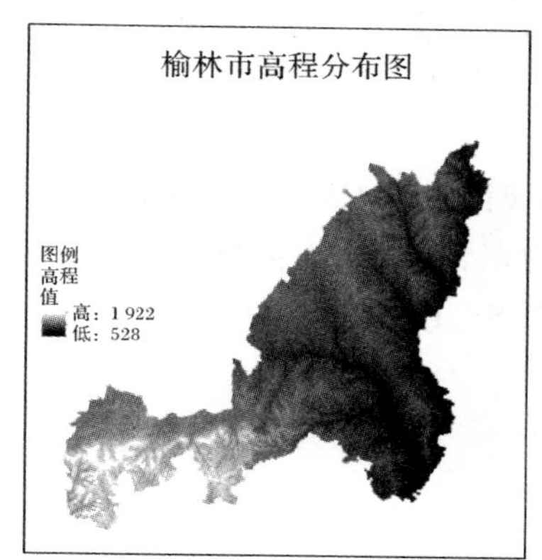

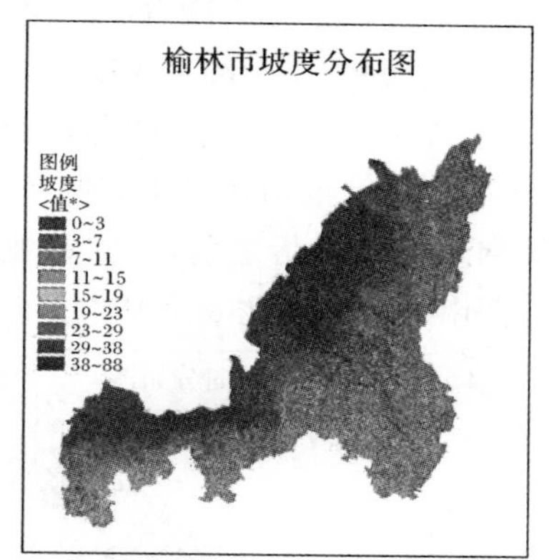

图 8－11　**由 DEM 生成坡度数据**

坡度(slope)在数值上等于过该点的地表微分单元的法矢量 $\boldsymbol{n}$ 与 z 轴的夹角:

$$\text{slope}=\arccos\left(\frac{\boldsymbol{z}\cdot\boldsymbol{n}}{|\boldsymbol{z}|\,|\boldsymbol{n}|}\right) \tag{8-8}$$

进行坡度提取时常采用简化的差分公式:

$$\text{slope}=\arctan\sqrt{f_x^2+f_y^2}\times\frac{180}{\pi} \tag{8-9}$$

式中:f_x 是 x 方向高程变化率,f_y 是 y 方向高程变化率。

基于 DEM 的坡度提取通常在 3×3 栅格分析窗口进行,如图 8－12 所示。

a	*b*	*c*
d	*e*	*f*
g	*h*	*i*

e 表示当前正在计算坡度的像元

图 8－12　3×3 **分析窗口**

坡度取决于表面从中心像元开始在水平$\frac{dz}{dx}$方向和垂直$\frac{dz}{dy}$方向上的变化率（增量），用来计算坡度的基本算法如下。

例如，图 8－12 中像元 e 在 x 方向上的变化率将通过以下算法进行计算：

$$\left[\frac{dz}{dx}\right]=((c+2f+i)*4/\text{wght1}-(a+2d+g)*4/\text{wght2})/(8*x\_\text{cellsize}) \quad (8-10)$$

像元 e 在 y 方向上的变化率使用以下算法进行计算：

$$[dz/dy]=((g+2h+i)*4/\text{wght3}-(a+2b+c)*4/\text{wght4})/(8*y\_\text{cellsize}) \quad (8-11)$$

其中：wght1 和 wght2 是有效像元的水平加权计数。

例如，如果 c、f 和 i 均有一个有效值，则 wght1＝(1＋2＊1＋1)＝4

i 为 NoData，则 wght1＝(1＋2＊1＋0)＝3。

f 为 NoData，则 wght1＝(1＋2＊0＋1)＝2。

$$\text{slope\_degrees}=\arctan\sqrt{[dz/dx]^2+[dz/dy]^2}\times\frac{180}{\pi} \quad (8-12)$$

2. 坡向

地面上一点的坡向定义为该点的法线正方向在水平面的投影与正北方向的夹角（见图 8－10），表示该点高程改变量的最大变化方向，以正北方 0°为开始，按顺时针移动，回到正北方以 360°结束。图 8－13 为榆林市的坡向分布图。

坡度图中每个像元的值代表了其像元面的斜坡面对的方向，平坦的坡面没有方向，赋值为－1。用坡向做数据分析之前，通常将坡向分为东、西、南、北 4 个基本方向（或者东、西、南、北、东南、西南、东北、西北 8 个基本方向），如图 8－14 所示。

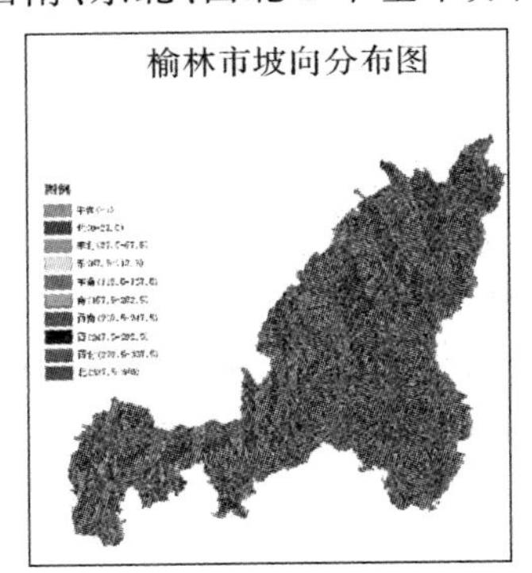

图 8－13　由 DEM 生成坡向数据

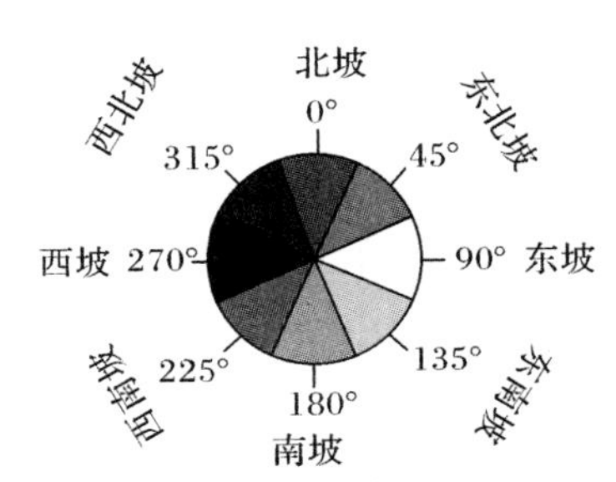

图 8－14　坡向图

作为基本地形因子，坡度和坡向常一起使用，在洪涝灾害防治、水土保持、选址分析及其他应用问题的解决上具有十分重要的作用。例如，坡向可作为判断最先遭受洪流袭击的居住区位置研究的影响因子，依据坡向查找某山区中所有朝南的山坡，从而判断出雪最先融化的位置；风力发电站需要建立在面向风的斜坡上；“南枝向暖北枝寒，一样春风有两般”，在进行植被分析时需考虑坡向差异分析。

3. 曲率

地形表面曲率是局部地形曲面在各个截面方向上的形状、凹凸变化的反映，反映了局部地形结构和形态。在地表过程模拟、水文、土壤等领域有着重要的价值和意义。本节介绍与地形表面物质运动、地下水和沉积物运动相关的剖面曲率和等高线曲率。

剖面曲率是通过地面点 P 的法矢量且与该点坡度平行的法截面与地形曲面相交的曲线在该点的曲率。剖面曲率描述地形坡度的变化，影响着地表物质运动的加速和减速、沉积和流动状态，如图 8-15 所示。

等高线曲率是通过该点的等值面(水平面)与地表交线的曲率，也就是通过该点的等高线的曲率，表达了地表物质运动的汇合和发散模式，如图 8-16 所示。

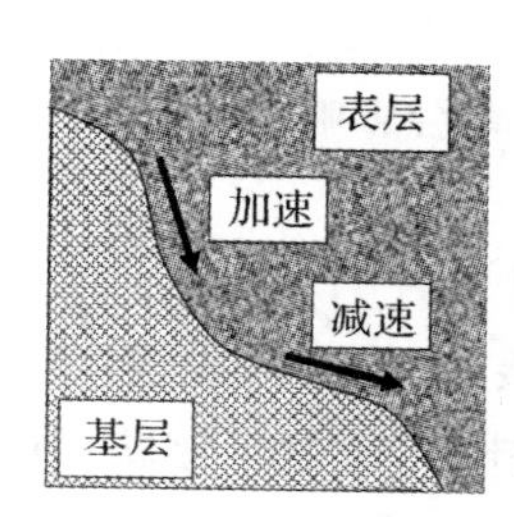

图 8-15　地表物质运动的加速和减速

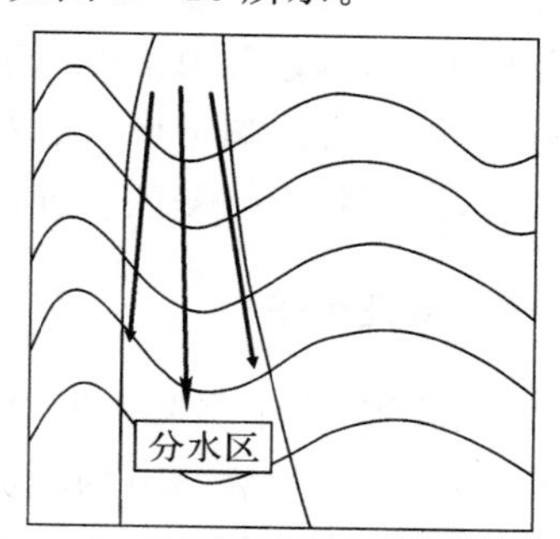

图 8-16　地表物质的汇合与发散

4. 地形起伏度

地形起伏度是指在所指定的分析区域内所有栅格中最大高程与最小高程的差，可表示为

$$\mathrm{RF}_i = H_{\max} - H_{\min} \tag{8-13}$$

地形起伏度是反映地形起伏的宏观地形因子，能够直观反映区域地形起伏特征，是描述区域地貌形态以及划分地貌类型的定量指标。作为一种重要的地形因子，地形起伏度已经广泛地应用于人口和经济格局研究、交通优势度评价、山地及山区类型界定、山区土壤保持研究以及景观空间分异与地形起伏度的关系等方面。

5. 地表粗糙度

地表粗糙度，一般定义为地表单元的曲面面积$S_{曲面}$与其在水平面上的投影面积$S_{平面}$之比。用数学公式表达为

$$R = \frac{S_{曲面}}{S_{平面}} \tag{8-14}$$

在实际应用中，当分析窗口为 3×3 时，可用下面的方法近似求解：

(1)根据 DEM 提取坡度因子 S；

(2)根据公式 $R = \frac{1}{\cos S}$ 计算地表粗糙度。

地表粗糙度常用来刻画一个单位单元地势起伏的复杂程度，在一定程度上反映了地质构造运动的幅度。

6. 地表切割深度

相对于地表起伏度，地表切割深度是针对局部小范围内地表垂直方向上割裂程度的示

量。地表切割深度是指地面某点的邻域范围的平均高程与该邻域范围内的最小高程的差值，可用以下公式表示：

$$D_i = H_{\text{mean}} - H_{\text{min}} \tag{8-15}$$

地表切割深度直观地反映了地表被侵蚀切割的情况，并对这一地学现象进行了量化，是研究水土流失及地表侵蚀发育状况时的重要参考指标。

地形起伏度、地表粗糙度与地表切割深度等地形因子是描述和反映地形表面较大区域内地形的宏观特征，在较小的区域内并不具备任何地理和应用意义。

在水文分析中，基本地形因子可用于描述流域盆地的物理特征，从而便于理解侵蚀过程和径流形成过程：坡度会影响下坡时的总体移动速率；坡向将决定流向；剖面曲率将影响流动的加速和减速，进而将影响侵蚀和沉积；等高线曲率会影响流动的汇聚和分散。

8.2.2 地形特征因子

“高空低瞰山成浪，个个峰蒙白玉中”“仰望山接天，俯看江成线”“尔来四万八千岁，不与秦塞通人烟”……文人墨客笔下的壮美山河令人神往，穿越千年映在眼前。虽绵延起伏、千姿百态，但从数字地形分析的角度出发都可分解成一系列的点、线、面，这些地形点、地形线、地形面构成了地形的骨架，决定着地形地貌的几何形态和基本走势。图 8－17 为基本地形形态，周启明、刘学军等对坡面特征分析的自然地域导向进行了总结，如表 8－2 所示。

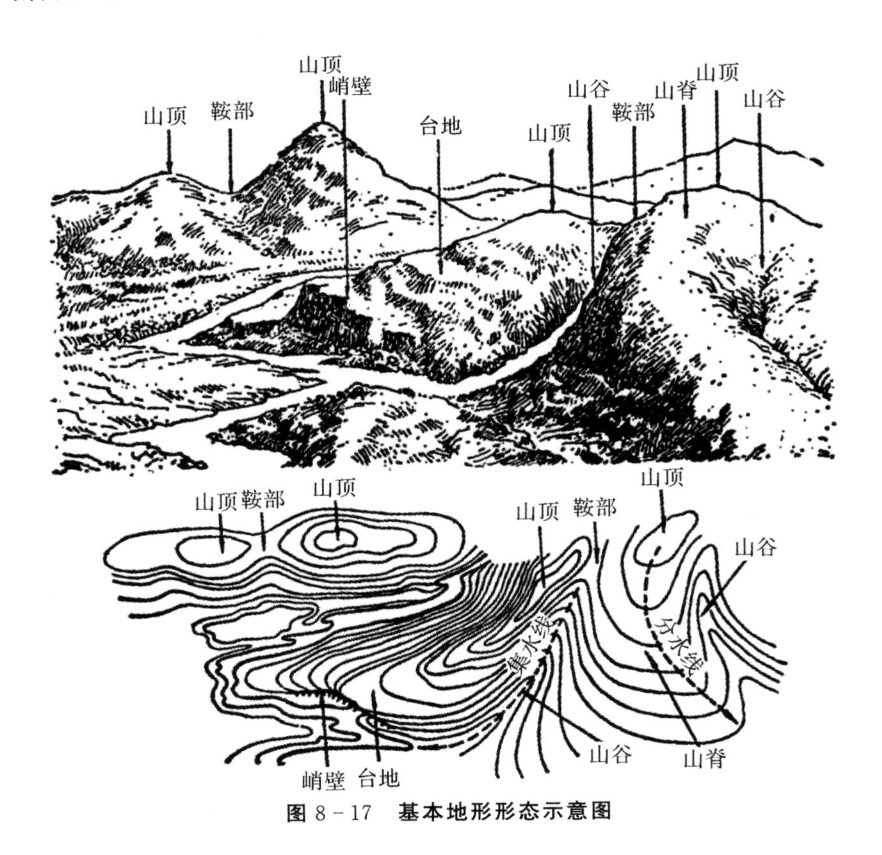

图 8－17　基本地形形态示意图

表 8-2 坡面特征分析的自然地域导向表(周启明、刘学军等)

坡度指标	地形表现部分
<3°	平坦平原、盆地中央部分、宽浅谷底部分、台面
3°～5°	山前地带、山前倾斜平原、冲积、洪积扇、浅丘、岗地、台地、谷地等
5°～15°	山麓地带、盆地周围、丘陵
15°～25°	一般在 200～1 500 m 的山地中
25°～30°	大于 1 000 m 山地坡面的上部(接近山顶部分)
30°～45°	大于 1 500 m 山体坡面的上部
>45°	地理意义的垂直面

地形特征点,主要包括山顶点、谷底点、鞍部点等;地形特征线,主要包括山脊线、山谷线等;地形特征面,则主要指坡面的几何形态,如坡面的凹凸性、坡面形状、坡面位置等。

山顶点,是指局部区域内海拔高程的极大值点,表现为在各方向上都为凸起。

谷点,是指在两个相互正交的方向上,一个方向凹陷,而另一个方向没有凹凸性变化的点。

鞍部点,是指在两个相互正交的方向上,一个方向上凸起,而另一个方向凹陷的点。

山脊线,是指山脊最高点的连线,是流域的分水线。

山谷线,是指山谷最低点的连线,是河流的集水线。

地形形态特征提取通常根据高程点的空间分布关系的分析或对地表物质运动机理的简化建模,通过某种模拟算法而实现。地形形态特征提取的结果通常是以分类的形式表达,并可利用常用的统计学方法进行分类检验。

1. 地形形态特征分析原理

从原理上讲,地形形态特征提取有两种基本方法:一是解析法,基于地形形态的几何分析方法;二是模拟法,基于地形表面流水物理模拟方法。

(1)解析法。设在坐标系 $O-xyH$ 中,地形曲面 $H=f(x,y)$ 为一光滑连续曲面,对于任意地形点 $P(x_p,y_p,H_p)$,当 P 点为地形曲面上的山脊点或山谷点时,该点必为 $f(x,y)$ 的一个局部极值点(山脊线为极大值而山谷点为极小值)。地形特征点的识别可转化为地形曲面上局部极值点的识别。当 $f(x,y)$ 用 DEM 来表示时,就是找出所有 DEM 上的地形极值点。如果切割面间距足够小,则相邻极值点之间相互连接则可形成地形特征线。

(2)模拟法。基于地形表面地表流水模拟的思想是:按照水往低处流的自然规律,计算每一栅格点上的汇水量,位于山脊线上的点水流不累积,而位于山谷线上的点水流累积较大,依据这一原则可分析地形特征点和追踪地形特征线。

2. 地形形态特征提取的技术内涵

地形形态特征提取主要包括两个步骤:地形特征点识别和地形特征点匹配。

(1)地形特征点识别。地形特征点识别即检测 DEM 或高程数据代表的地形曲面上的可能极值点,在实际应用中需要克服 DEM 误差的影响。目前,地形特征识别的方法主要有:

1)断面极值法,即在 DEM 的水平或垂直方向所形成的断面上,通过曲线拟合检测局部地形极值点。

2)邻域比较法,对局部窗口中的各个高程点进行比较,中心单元最高者为可能的山脊点,反之为可能的山谷点。此方法的变异主要在于窗口范围和比较方法的选取。

3)曲率比较法,对分布在等高线上的地形点两两计算曲率差,如果曲率超过给定的阈值,则可能为极值点。

4)流水模拟法,计算每一格网单元的汇流累积量,汇流累积量为零的可能为山脊点,超过给定阈值的可能为山谷点。

(2)地形特征点匹配。地形特征点匹配就是将检测到的地形特征点进行连接,形成地形结构线网络或流域网络。由于大多数算法着眼于点的提取,因此这是进行地形特征提取的难点。算法主要设计思想是基于知识推理规则,在对地形几何形态和地表物质运动认知的基础上,建立一系列知识法则和推理原则,并在该原则的指导下将各个地形点连接成地形线。

3. 实验流程

(1)地形特征点的提取。基于 GIS 分析软件提取山顶点和洼地点是将每一个像元和邻域内的其他像元的极值进行对比,若某一像元与邻域像元的最大值一致,则该像元是邻域内的最高点,即为山顶点;若与邻域内的最小值一致,则该像元是邻域内的最低点,即洼地点。鞍部所在的像元是所在山脊方向上相对的低值,所在山谷方向上相对的高值。提取流程如图 8-18 所示。

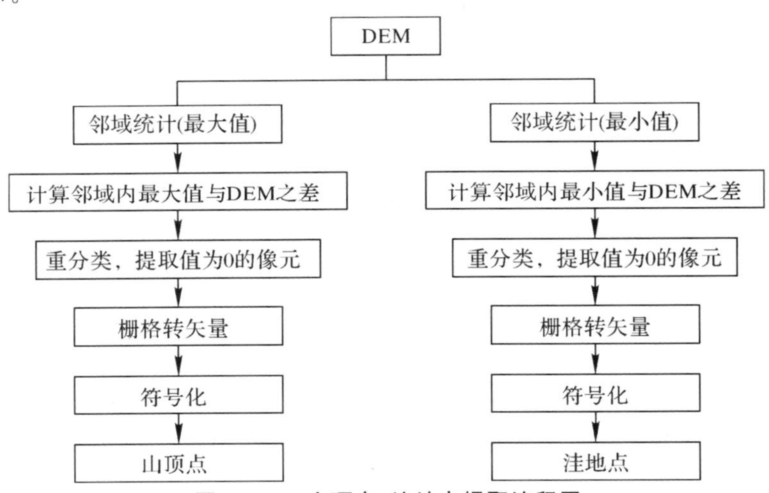

图 8-18 山顶点、洼地点提取流程图

(2)地形特征线的提取。山脊线和山谷线构成了地形起伏变化的骨架线,从地表流水模拟角度出发,山脊和山谷分别具有分水性和汇水性,山脊线和山谷线的提取实质上也是分水线和汇水线的提取。通过提取正反地形中汇流量为 0 的区域,即可识别出山脊线和山谷线。其中,正地形是地形中相对高于邻接区域的部分;负地形是地形中相对低于邻接区域的部分;反地形是相对于原地形而言的,是原地形的倒置。图 8-19 基于水文分析对提取山脊线、山谷线和鞍部进行了总结。

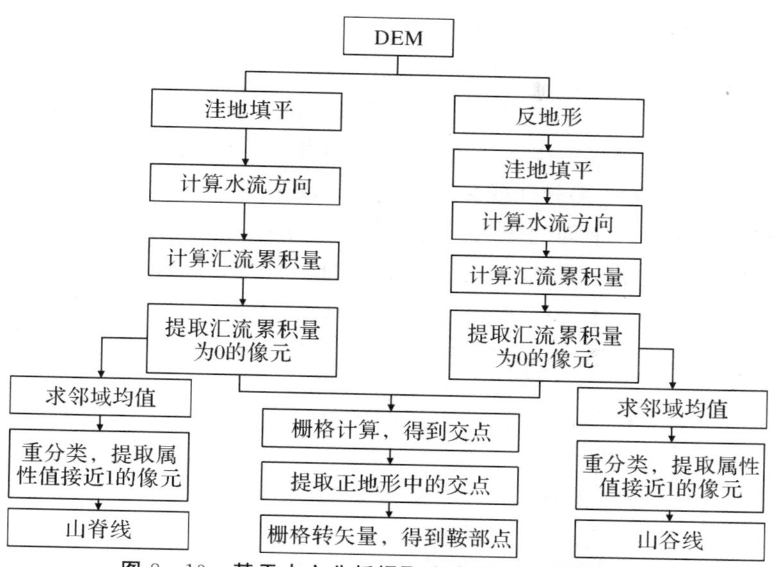

图 8－19　**基于水文分析提取山脊线、山谷线和鞍部**

由于山脊线和山谷线所在位置的坡面方向有较大的变化，山脊线是正地形中坡向变率(slope of aspect，SOA)较大的地方，山谷线是负地形中坡向变率较大的地方，因此可以根据坡向变率进行提取。在正北方向两侧的坡向，其变化率存在问题，因此通过将其转换为正南方向来求取坡向变率。图 8－20 为基于坡向变率提取山脊线和山谷线的流程图。

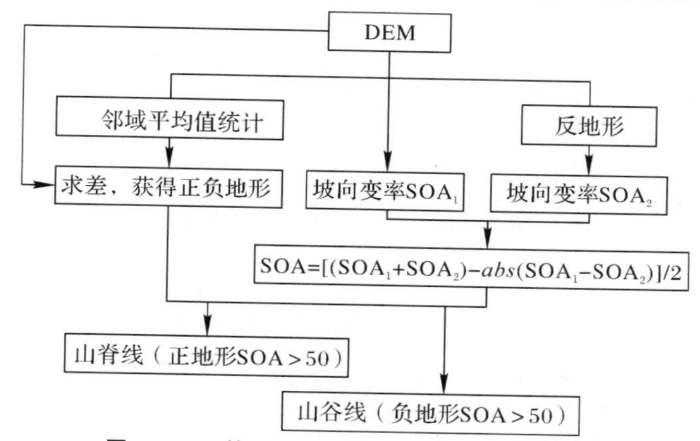

图 8－20　**基于坡向变率提取山脊线和山谷线**

计算时，采用下式求取无误差的坡向变率：

$$SOA=\frac{(SOA_1+SOA_2)-abs(SOA_1-SOA_2)}{2} \tag{8-16}$$

式中：SOA_1 和 SOA_2 分别为原地形和反地形的坡向变率。

8.2.3　水文分析

由于地处亚洲东部、东临太平洋且大陆性气候鲜明等地理位置和气候因素，我国洪涝灾害频发，严重威胁着人民生命财产安全和社会的稳定。基于 DEM 建立水系模型，可用于研究水文特征、模拟地表水文过程、评估未来地表水文情况，在防洪减灾、城市和区域规划、农业及森林、交通道路等许多领域具有广泛的应用。

降水汇集在地面低洼处，在重力作用下经常或周期性地沿流水本身所造成的槽形谷地流动，形成河流。河流沿途接纳很多支流，水量不断增加，由干流和支流共同组成水系。每条河流或每一个水系都从一部分陆地区域上获得水量补给，这部分区域就是河流或水系的流域，也就是河流或水系在地面的集水区。将两个相邻集水区之间的最高点连接形成的不规则曲线，就是两条河流或水系的分水线。因此，流域也可以说是河流分水线以内的地表范围。基于 DEM 进行流域分析的主要内容有洼地填充、计算水流方向和汇流累积量、提取河网、流域分割和流域地形参数统计计算等，其一般流程如图 8-21 所示。

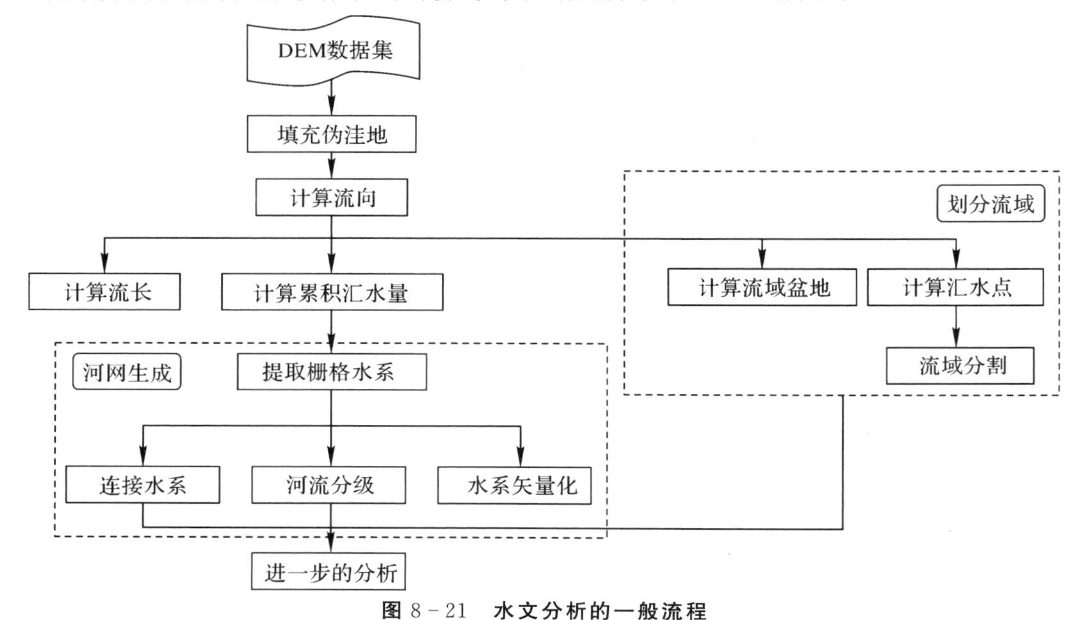

图 8-21　水文分析的一般流程

1. 洼地填充

洼地是指流域内被较高高程所包围的局部区域，分为自然洼地和伪洼地。自然洼地是自然界实际存在的洼地，通常出现在地势平坦的冲积平原上，且面积较大，在地势起伏较大的区域非常少见，如冰川或喀斯特地貌、采矿区、坑洞等，这属于正常情况。在 DEM 数据中，由于数据处理的误差和不合适的插值方法所产生的洼地，称为伪洼地。

DEM 数据中绝大多数洼地是伪洼地。伪洼地会影响水流方向并导致地形分析结果错误。因此，在进行水文分析前，一般先对 DEM 数据进行填充洼地的处理。例如，在确定水流方向时，由于洼地高程低于周围栅格的高程，一定区域内的流向都将指向洼地，导致水流在洼地聚集不能流出，引起汇水网络的中断。

2. 计算水流方向

流向，即水流的方向，是水文分析的关键参数之一，后续参数都需要基于流向数据，如汇流累积量、流长和流域等。GIS 中常用确定水流方向的算法为 D8 算法、多流向算法和 D-infinity算法。

秦承志于 2007 年提出了多流向算法，基本思想为水流应向邻域中所有高程较低的方向进行分配；D－infinity 算法将流向分配至三角面的最陡坡度；D8 算法将流向分配至最陡下坡邻域。

SuperMap 使用 D8 算法计算流向栅格。D8 算法的原理是假设每个栅格的水流只会流入与之相邻的 8 个栅格中，那么在 3×3 的栅格中，计算中心栅格与相邻栅格之间的距离权重落差，取距离权重落差最大的栅格作为中心栅格的流出栅格，如图 8－22 所示。

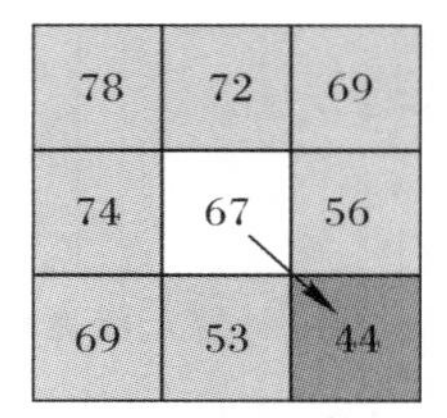

图 8－22　3×3 窗口中心单元流向确定(D8 算法)

国产地理信息系统软件 SuperMap 对中心栅格的 8 个邻域栅格进行编码。从中心栅格的正右方栅格开始，按顺时针方向取 2 的幂值，编码值分别为 2 的 0、1、2、3、4、5、6、7 次幂值，即 1、2、4、8、16、32、64、128，分别代表中心栅格单元的水流流向为东、东南、南、西南、西、西北、北、东北 8 个方向，参考如图 8－23 所示。例如，若中心栅格的水流方向是西，则其水流方向被赋值 16；若流向东，则水流方向被赋值 1。

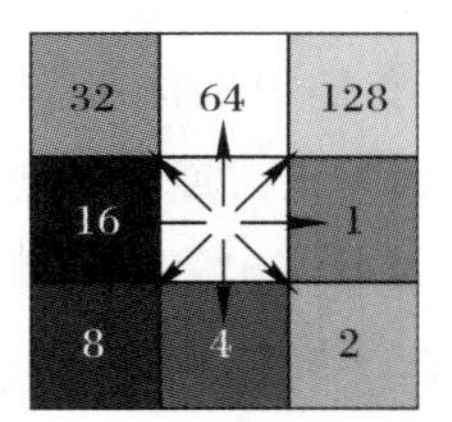

图 8－23　水流方向编码

位于栅格边界的单元格比较特殊(位于边界且可能的流向不足 8 个)，可以指定其流向为向外，此时边界栅格的流向值如图 8－24(a)所示，否则，位于边界上的单元格将赋为无值，如图 8－24(b)所示。

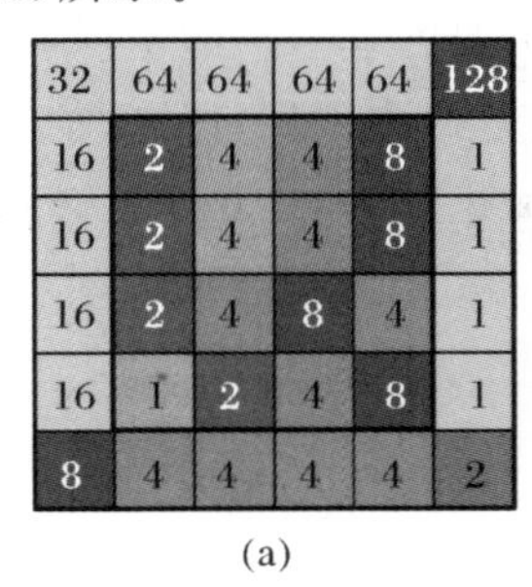

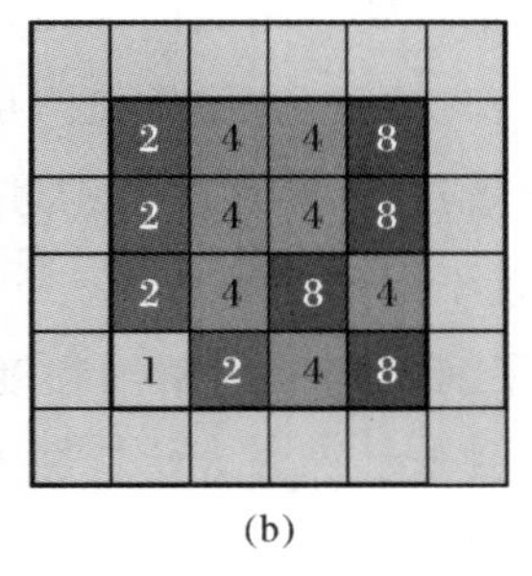

图 8－24　边界水流处理

(a)边界流向向外；(b)不强制边界流向向外

3. 计算汇流累积量

水流累计矩阵是基于水流方向确定的，指流向该格网的所有的上游格网单元的水流累计量(将格网单元看作等权的,以格网单元的数量或面积计),是流域划分的基础。水流累计矩阵的值可以是面积,也可以是单元数,取决于具体的软件。图 8-25 以单元数为例进行水流累计矩阵的计算。

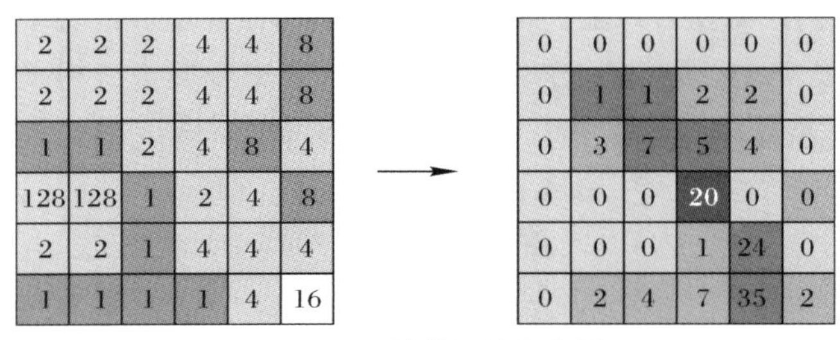

图 8-25　计算汇流累积量

计算得到的结果表示了每个像元累积汇水总量,该值为流向当前像元的所有上游的像元的水流累积量总量,不考虑当前处理像元的汇水量。

在实际应用中,每个像元的水量不一定相同,需要指定权重数据来获取实际的汇水量。使用权重数据后,汇水量的计算过程中,每个单元格的水量不再是一个单位,而是乘以权重(权重数据集的栅格值)后的值。例如,将某时期的平均降雨量作为权重数据,计算所得的汇水量就是该时期流经每个单元格的雨量。

计算的汇水量的结果值可以帮助我们识别河谷和分水岭。像元的汇水量较高,说明该点地势较低,可视为河谷;像元的汇水量为 0,说明该点地势较高,可能为分水岭。因此,汇水量为提取流域的各种特征参数(如流域面积、周长、排水密度等)提供了参考。

无洼地 DEM、水流方向矩阵和流水累计矩阵是基于 DEM 进行流域分析的三个基础矩阵。

4. 提取河网

当汇流累积量不断增加时,会产生地表水流,当所有汇流累积量大于临界数值,就会形成潜在的水流路径,由这些水流路径构成的网络,就是河网。河网的生成是基于汇流累计矩阵完成的,在河网提取前,首先要确定“临界值”,也就是汇流累积量的阈值。阈值过大,则只能提取主干河道;若阈值设置过小,河网提取则过于密集。因此,在实际提取河网的过程中,会根据不同的地形情况设置不同的阈值。

汇流累积量阈值决定了河网提取的精细程度及与真实河网的匹配程度。随着 GIS 技术与水文分析的深度耦合,阈值的确定方法日渐成熟,包括集水面积-河道平均法、河网密度法、流域宽度分布法、水系分形法等。

5. 流域分割和流域地形参数统计计算

在所形成的流域网络上,进一步划分出各个沟谷段的汇流区域,所有的子汇流区形成整体汇流区域。对于每一个汇流区域,计算其各种统计参数。

8.2.4　可视性分析

地形可视性也称为地形通视性，是从一个或多个位置所能看到的地形范围或与其他地形点之间的可见程度。通视分析和可视域分析是地形可视性分析的两个最基本的内容。

通视分析是要解决两点之间可见和不可见的问题，而可视域分析是求取给定观察点的可视范围。它们本质上都是判断地形上任意一点与视点是否通视的问题。点-点通视是在视线方向上与视点可视的点的集合，即线的集合；视点的可视域是在给定的可视角和可视半径范围内，与视点通视的地形点的集合。因此，地形可视的计算原理可归结为视线上的高程与地面上的高程之间的比较（计算方法详见点对点通视）。

1. 点对点通视

图 8－26 中，已知视点 V 的坐标为(x_0,y_0,z_0)，P 点的坐标为(x_1,y_1,z_1)。DEM 为二维数组$Z_{[M][N]}$，则 V 为(m_0,n_0,Z_{m_0,n_0})，P 为(m_1,n_1,Z_{m_1,n_1})。

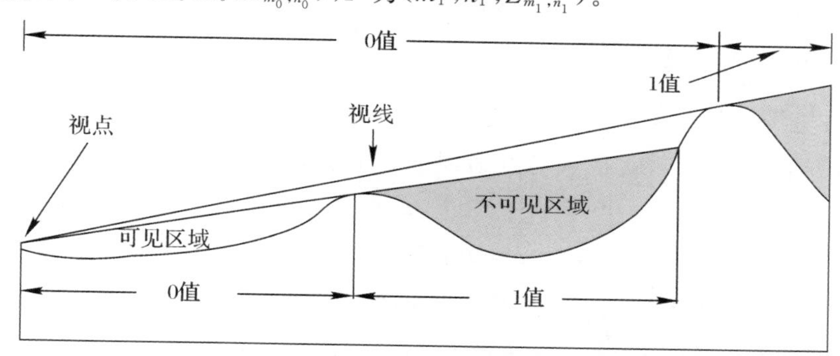

图 8－26　通视分析（图上灰色区域为不可见区域）

（1）根据视点 V 及 P 点坐标，生成 V 到 P 的投影直线点集$\{x,y\}$，$K=||\{x,y\}||$，并得到直线点集$\{x,y\}$对应的高程数据$\{Z_{[k]},(k=1,2,\cdots,K-1)\}$，这样形成 V 到 P 的 DEM 剖面曲线，如图 8－27 所示。

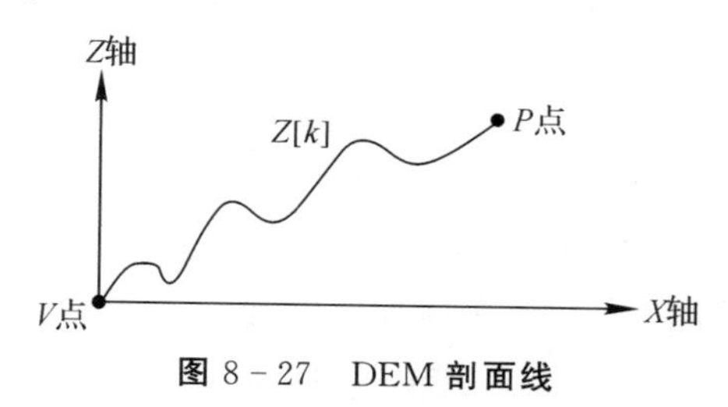

图 8－27　DEM 剖面线

（2）视点 V 到 P 点的投影直线为 X 轴，原点为视点 V 的投影点，求出视线在 $X-Z$ 坐标系的直线方程：

$$H[k]=\frac{Z[m_0][n_0]-Z[m_1][n_1]}{K}\cdot k+Z[m_0][n_0]\quad(0<k<K)\qquad(8-17)$$

式中：K 为 V 到 P 投影直线上离散点数量。

(3)比较数组$H_{[k]}$与数组$Z_{[k]}$中对应元素的值，如果$\forall k, k\in[1,K-1]$，存在$Z_{[k]}>H_{[k]}$，则V与P不可见，否则可见，如图8-28所示。

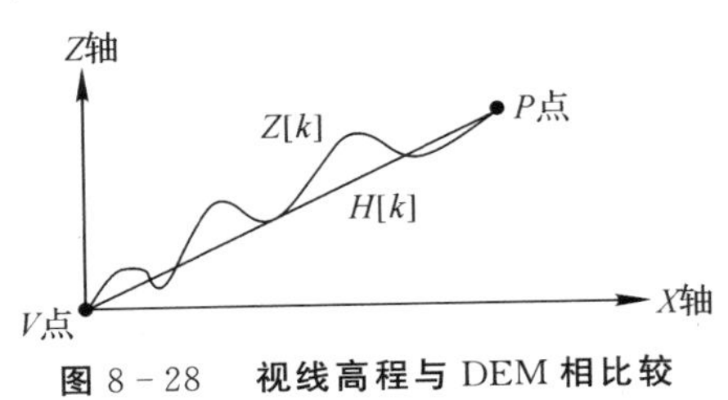

图8-28　**视线高程与DEM相比较**

上述算法可概括为：①确定视线；②确定DEM剖面线；③比较视线与剖面线之间的高程；④二者比较确定是否可视。

上述算法通过比较高程确定是否可视，实际上通过斜率之间的比较可有效改善计算量，这种方法称为关键斜率法。基本原理为，通过不断计算视线上的斜率，记录并更新最大斜率，用目标点的斜率与视线上的最大斜率相比较确定其可视性，如果观察点和目标点之间的斜率大于最大斜率，则可视，反之不可视。

2. 点对线通视

点对线的通视，实际上就是点对点通视的扩展。基于格网DEM点对线的通视算法如下：

(1)设P点为一沿着DEM数据边缘顺时针移动的点，与计算点对点的通视相仿，求出视点到P点投影直线上点集$\{x,y\}$，并求出相应的地形剖面$\{x,y,Z_{(x,y)}\}$。

(2)计算视点至每个$p_k(p_k\in\{x,y,z(x,y)\},k=1,2,\cdots,K-1)$与$Z$轴的夹角：

$$\beta_k=\mathrm{arctg}\left(\frac{k}{Z_{pk}-Z_{vp}}\right) \tag{8-18}$$

(3)求得$\alpha=\min\{\beta_k\}$，α对应的点就为视点视野线的一个点。

(4)移动P点，重复以上过程，直至P点回到初始位置，算法结束。

3. 点对区域通视

点对区域的通视与点对线的通视问题相同，P点沿数据边缘顺时针移动，逐点检查视点至P点的直线上的点是否通视。而视点到P点的视线遮挡点，可能是地形剖面线上高程最大的点。因此，按降序将剖面线上的点按高程值进行排序，依次检查排序后每个点是否与视点通视。若剖面线上存在一个点不满足通视条件，则其余点不再检查。点对区域的通视实质仍是点对点的通视，只是增加了排序过程。

思考题

1. 利用如Local SpaceViewer等数字地球软件，了解自己所在地区的地形地貌。

2. 通过查阅资料，了解主要的DEM数据产品(ASTER、GDEM、SRTM等)的生产时间、空间分辨率、投影下载方法等。

3. 试分析数字高程模型与数字地面模型的区别与联系。

4. 试从坡向的概念理解和解释“南枝向暖北枝寒,一样春风有两般”。

5. 利用 GIS 分析软件,提取自己所在区域的地形特征点,改变分析窗口大小,比较不同窗口大小对提取结果的影响,思考如何确定合理的窗口大小。

6. 查阅文献资料,了解汇流累积量阈值的确定方法。

第9章 地理信息可视化

地理信息可视化直观理解就是通过计算机、图形学、图像处理等相关技术将地理空间信息转化为直观形象的视觉所能感知的形式并可以进行交互的理论、方法和技术，是地理信息系统的重要组成部分，是以地理信息科学、计算机科学、地图学等学科为基础发展的一门关于地理空间信息表达与传输的学科。

地理信息可视化主要通过地图、虚拟场景等形式对时空数据进行表达。本章内容主要从地理信息可视化的概念、可视化技术方法、地图可视化设计及专题地图可视化等方面进行介绍。

9.1 地理信息可视化概述

9.1.1 可视化与信息可视化

地球上种类繁多的信息源产生大量的数据，有效的分析解释才能更好地利用这些数据，而人脑对于数据的分析能力有限，使得多数数据的分析计算可能被浪费，从而影响了科学研究的进展和进步，因此，美国计算机成像专业委员会提出了科学计算可视化（visualization in scientific computing，ViSC）的解决方法，以率先高效的解释分析大量的科学与工程领域的数据并发展为研究热点。科学计算可视化是借助计算机图形学及图像处理等技术，将在科学计算过程中及计算结果产生的大量的、抽象的或者非直观的数据，以形象直观的图形、图像或者信息等形式展示出来并进行交互处理。直观的理解就是为了提高人们的观察能力及对整体概念形成过程的理解而将事物转化为视觉所能感知的过程，简称为可视化。

可视化的实现大大加快了数据的处理过程，使得更庞大的数据得到了更加有效快速的分析利用。随着可视化的进一步发展及应用范围的扩展，它还包括在工程计算中获取的数据的可视化及测量数据的可视化。可视化的结果便于人们理解、分析和记忆，同时对于不同信息的处理和表达方式也具有其他技术方法无法替代的优势。

信息可视化（information visualization）是指通过利用图形图像等方面的技术和方法，使得大规模的非空间数据的信息资源以直观交互可视化的方式呈现，以帮助人们更好地理解、分析和处理数据中隐藏的特征、关系和模式。信息可视化实际上是人和信息之间的一种交互式的可视化界面，即研究人和计算机展示的信息及其之间的相互影响的技术。与科学计算可视化相比，信息可视化更侧重于抽象信息或者具有自身内在固有结构的抽象数据集的直观展示。

9.1.2　地理信息可视化

随着计算机视觉、图形图像学等技术的飞速发展和广泛应用，人们对于各种各样的地理环境、地形特征及地物信息的认识和展示采用了形象逼真、色彩丰富的动画、三维仿真等手段，将地理信息数据转换成人们更容易理解的图形图像方式，也就形成了地理信息可视化。地理信息可视化是综合运用图形图像学、计算机科学和图像处理技术等先进技术，对地学相关数据信息进行输入、编辑、处理、查询、分析以及预测等多种操作，将其结果和数据以图形符号、图标、文字、表格、视频等可视化形式显示并进行交互的理论、方法和技术。

地理信息可视化是结合了科学计算可视化和地学信息而形成的，是将地理信息数据进行直观视觉表达与分析的一个转化过程，其目的是将原始的数据转化为可显示的图形、图像，以便人们感知。地理信息可视化的过程实际上是对地理空间信息的提取和综合表达，更强调对于地理事物的数字化和符号化展示。

地理信息可视化经历了文字、纸质地图和计算机制图等不同的可视化技术发展阶段，形成了可视化过程的多样性、表达展现地学信息的动态综合性及信息载体的多维性等特征，而网络技术、多媒体技术及交互式反馈技术的出现和发展，使得多维动态的地理信息可视化技术成为最新的发展趋势。

地理信息可视化是地理信息系统的重要组成部分，在地理信息数据处理、分析和结果展示等环节都具有重要作用。它提供了一种用于理性认识、解释人类和自然关系的强大工具。相比传统可视化，地理信息可视化的突出特征是能够对地理时空数据及其相关联的属性信息进行可视化。

9.2　地理信息可视化技术方法

9.2.1　地图

地图是空间地理信息最直观的表达方式。地图是使用一定的绘制法则和制图方法，将地球上各种事物的空间分布、联系及发展变化状态绘制成图形存储在一定载体上。地图的生产过程中综合运用了视觉变量来表达抽象的现实世界，本身就是一个可视化的视觉产品，而在新的制图技术环境下，地图可视化不仅仅是对图形结果的展示，更重要的是对空间数据行为的高级分析过程，且地理信息可视化技术在对于地图信息的认知和表达方面赋予了新的特色。

从地图的起源、发展到信息时代的今天，地图经历了陶片、羊皮、丝织、纸质、电子等多种类型载体，地图按照输出的载体，可分为纸质地图、数字地图和电子地图。

1. 纸质地图

古代的地图一般刻画在羊皮纸或者石板上，而纸张的出现让地图有了成熟而固定的载体。纸质地图是将各种地图内容绘制在纸张、布或其他可见真实大小的物体上形成的地图，主要包括地形图(普通地图)、专题地图及特种地图等。纸质地图绘制方便，内容丰富多样，要素表达清晰明确，且其价格便宜，便于携带和保存，应用性强，使得纸质地图作为地图的主要形式，持续了近2 000年。

2. 数字地图

随着科学技术的发展，纸质地图的幅面、更新速度、展示色彩等方面不能完全满足人们的需要，出现了以计算机硬件、磁盘等为存储介质的数字地图，其内容主要通过数字形式进行表示展现，且需要借助专用的计算机软件来进行显示、读取和检索分析。数字地图是纸质地图的数字化存在形式，是存储在计算机上的一定坐标系统内具有确定的坐标和属性的地面要素和现象的离散数据的有序集合。相比纸质地图，数字地图所存储、展现的信息量要大得多。

数字地图具有数据采集和存储容易、管理和使用方便的特点，包括数字地形图、海图、航空图、协同图和专题图。如军用数字地图是通过对战场上每一处地理空间信息进行搜集，并按照相关的地理坐标建立起来，存储于计算机数据库中，可以用于快速、完整、形象地向指挥员展示战场形态的作战指挥模型。

3. 电子地图

电子地图是可在屏幕上实现可视化的地图。电子地图以地图数据为基础，以数字形式存储在计算机外存储器上，并依托于空间信息可视化系统实时再现地理信息的可视化产品，又称“瞬时地图”“屏幕地图”“无纸地图”。电子地图具有内容和形式的灵活性、操作的可交互性和多媒体集成性等特点，其与数字地图的根本区别是地图因素符号化处理与否。电子地图可分为多媒体电子地图、网络电子地图、三维电子地图、移动导航电子地图、专业应用电子地图等。

9.2.2 多媒体技术

随着计算机科学的发展，借助音频、视频等各种形式的多媒体技术可以综合、形象、直观、动态地展现如地震爆发、洪涝灾害、海底扩张等地理信息数据。多媒体技术是地理信息可视化的一种重要方式，主要是借助文本、表格、图形、图像、音频等多种形式来直观、形象地展现空间信息的逻辑联接及动态变化过程。多媒体技术与地图制图技术结合，产生了具有地理参考意义的超地图，不仅提供地图的可视化形式，也包括听觉等其他感官形式，是带有空间信息的超媒体。

9.2.3 三维仿真技术

三维仿真技术是利用计算机技术构建的一个可以使用户通过传感器感知视、听、触、味等多种能力并可以进行交互作用的逼真场景。三维仿真地图就是基于真实的地理地图数据，在计算机软硬件的支持下，借助计算机三维图形技术和三维仿真技术，利用多种传感器交互设备，为用户提供可以进行查询、浏览、导航等便捷操作的三维可视化地图，如图9－1所示。

图 9-1　交互式三维地图平台

9.2.4　虚拟现实技术

虚拟现实技术(virtual reality,VR)是利用现实生活中的数据,通过计算机技术产生的电子信号,将其与各种输出设备结合使其转化为能够让人们感受到的现象,这些现象可以是现实中真真切切的物体,也可以是我们肉眼所看不到的物质,并通过三维模型表现出来。因为这些现象不是我们直接能看到的,而是通过计算机技术模拟出来的现实中的世界,故称为虚拟现实。

虚拟现实技术提供了地理空间分析的虚拟显示环境,其沉浸感、交互性和实时反应等技术特点,为人们进行综合会商、过程模拟、协同决策等提供了技术基础,如图 9-2 所示。

图 9-2　地理空间分析的虚拟显示环境

9.3　地图可视化

地图是一种信息的传输工具,实现了从制图者看到的地理环境到用图者认识的地理环境之间的信息传递。地图可视化是指使用计算机制图软件或程序包,以各种地图的语言形式表达地理信息的空间数据可视化方法。在各种可视化方式中,地图可视化是地理信息可视化使用最为广泛、核心的一种可视化的方式。

地图所反映的是地学相关的事物和现象及实体的空间尺度及活动范围,在地图可视化语言中,最重要的是空间地学信息全面抽象后的地图符号及其系统,称为图解语言。地图注记是借用自然语言及文字来辅助加强符号系统对于地学信息的表达和传递,也是地图语言的重要组成部分,而地图语言还包括对地图有一定装饰美化作用的地图色彩。

9.3.1 地图符号

地图符号是表示地图内容的基本手段,在图上主要通过各种视觉变量的符号来表示地图要素不同的空间分布、数量、质量等特征,是地图的图解语言,也是地图信息的载体,由形状不同、大小不一、色彩有别的图形和文字组成。地图符号实质是科学抽象的结果,它的形成是对制图对象的第一次综合。地图符号是具有某种代表意义的标识,来源于规定或者约定成俗。其形式简单,种类繁多,用途广泛,具有很强的艺术魅力。

地图符号的形成过程,实质是一种在地图可视化过程中长期总结简化并形成约定的过程。任何地图符号的出现和形成都是在社会上被一定社会集团或科学共同体所承认和遵守的,在某种程度上是具有一定约定的"法定"意义。国家以法定形式和规范统一了普通地图的符号和用法,近年来,我国正在对如土地利用现状图、土壤图、地貌图、土地资源图等一些基础性的专题地图符号进行研究,以解决其符号化和规范化的问题,如《全国 1∶100 万土地利用现状图》的规范和符号系统。

1. 地图符号的分类

地图要素主要是依据地图符号来表达的,其空间位置、大小、质量和数量等特征的不同主要是通过不同的视觉符号来形象、直观地表达。

(1)按地图符号的几何性质分为以下几种,如图 9-3 所示。

1)点状符号:一种表达不能依比例尺的小面积事物和点状事物所采用的符号,主要特征是具有点的性质,无论符号大小都不具有实地面积的意义,如气象台、文物碑石、钟楼、控制点等。对于点状符号的性质和等级、数量主要是通过设置符号不同的颜色和大小进行区分表示。

2)线状符号:一种表达呈线状或者带状延伸分布事物的符号,主要是指在一个方向上具有延伸及定位意义,如公路、河流、渠道、海岸线、国界等,只能表示事物的分布位置、延伸状态及长度,不能表示其宽度。通过线状符号的形状和颜色的不同设置表示事物的质量特征、宽度反应等级或者数量。

3)面状符号:一种能按照比例尺表示事物分布范围的符号,以面定位,具有实际的二维特征意义,其面积形状与其所代表对象的实际面积形状一致,用轮廓线表示分布范围,加绘颜色或者符号表示其性质和数量,如农田、湖泊、池塘、戈壁滩等。

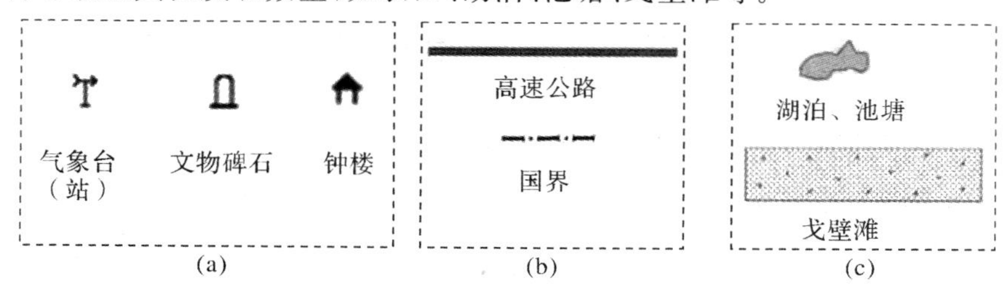

图 9-3 地图符号的分类(几何性质)

(a)点状符号;(b)线状符号;(c)面状符号

(2)按符号与地图比例尺的关系分为以下几种：

1)不依比例符号：主要是点状符号，采用规定的符号表示。

2)半依比例符号：主要用于表示道路、堤、小河等线状地物。

3)依比例尺符号：主要是面状符号，主要指把地物的轮廓按测图比例尺缩绘在图上的相似图形。

制图对象采用哪种形式主要取决于对象本身面积大小和地图的比例尺，其变化趋势是：随比例尺的缩小，依比例符号逐渐开始向半依比例符号和不依比例符号转化。

(3)按符号表示的地理尺度可将符号分为以下几种：

1)定性符号：反映对象的名义尺度(性质上的区别)，如三角点、学校、工厂、医院等。

2)等级符号：表现顺序尺度，如国道、省道、县乡道、村道等。

3)定量符号：以表现对象数量特征为主，如各种图表符号。

另外，地图符号按照符号的形状特征可分为几何符号(如钟楼、文物碑石等)、艺术符号(如机场、公交车站等)、线状符号(如地铁、快速道路等)、面状符号(如沙地、旱地等)、图表符号和文字符号(如学校、医院等)，主要强调符号的形象特点。

2. 地图符号的特征

地理空间数据的可视化离不开地图符号，地图符号是一种科学认定的人造符号，在其设计使用中具有自身的特点。地图符号具有以下特征：

(1)综合抽象性：地图符号主要是以某一类对象为目标，抽象并表现其最主要的特征。

(2)系统性：同类地图符号应该类似，而通过线划、色彩等不同区分类别或者级别。

(3)传递性：借助地图符号传递地学信息，是制图者或用图者和客观世界之间的转化。

(4)准确性：任何地图符号都必须赋予准确无误的概念。

(5)简明性：地图符号应采用最简单的形式来表现复杂的空间对象。

3. 地图符号设计的原则

(1)形状要图案化：图案化要突出事物最本质的特征，舍去次要的碎部，使图形具有象形、简洁、醒目和艺术的特点，使读者能“望形生义”。

(2)符号要有对比性和协调性：符号既要有对比性，又要有协调性。符号的对比性指不同符号间应区别明显、主次分明。符号的协调性是指符号大小的相互联系及配合。

(3)种类要简化：性质相同、外形特征类似的物体，可用同一种符号作为基础，加以适当变化来区别。简单符号由于笔画较少、结构简练，故易于阅读和记忆，绘制也方便。

(4)符号要有逻辑系统性：同一类符号，在其性质相近的情况下，通常保持相似，使之在系统上具有一定的联系，形成种系列。

(5)图形色彩要有象征性：符号设计要强化符号和事物之间的联系，通过符号视觉感受产生联想，加强对制图对象的理解，图形设计要尽量保留或夸大事物的形象特征，保持形似。

(6)总体要有艺术性：设计的符号应给人一种美的享受。符号本身应构图简练、美观，色彩艳丽、鲜明，高度抽象概括。符号与符号之间，则要求互相协调、衬托，成为完整系统。

4. 点、线、面符号的设计

(1)点状符号的设计。点状符号在地图上应用较多,而所占面积较小,一般以圆形、三角形、方形等简单图形为基本图形进行设计变化,以反映点状事物的数量、质量等特征。其在设计的过程中,要求规则构图,易于定位,且结构简单明了,可以是一种图形或者几种简单基本图形的复合构图,设计不同的颜色及大小。一般常用的几何符号、象形符号、文字符号等属于点状符号。

(2)线状符号的设计。线状符号是指长度依比例尺显示、宽度常不依比例尺显示,表示线状或带状事物的符号,或者不同类型或区域的分界线。地图上的多数内容一般都通过线状符号进行表示和展现,不同的线状符号在设计时有不同的要求及原则。定性线状符号在设计时常用不同的色彩、形状来表示制图对象的性质类别;等级线状符号主要通过线状要素不同的大小变量表示制图对象的等级、强度,并利用色彩、形状等辅助表示;趋势面线状符号是指表示连续分布、逐渐变化的实际或者理论趋势面(地势等高线、人口密度等值线)按照一定顺序排列的等值线、连续剖面线等线状符号的组合。

(3)面状符号的设计。面状符号是指表示实体呈面状分布事物现象的符号,常用轮廓线的空间位置表示事物的空间分布,用轮廓线内的晕线、花纹或者色彩表示事物的质量、数量特征。晕线面状符号在设计时主要由不同方向、形状、粗细、疏密、颜色、间隔排列的平行线组成,其疏密、间隔、晕线方向、粗细等变化表示不同的顺序、等级等特征。花纹面状符号主要通过设计大小相似、形状不同、颜色不同的网点、线段、几何图形等花纹点构成来表示数量及疏密、顺序等特征。色彩面状符号是指不同范围内的面状色符号。

5. 地图符号库

地图符号库是多种地图符号的有序集合。地图符号库中存储的主要是地图符号的颜色码和图形信息,每个符号组成一个信息块。在国家基本比例尺地图符号库中,符号信息块表示的图形、颜色、符号含义以及适用的比例尺等,应尽量符合国家规定的地图图示。

在地图符号库的设计与建立中,为了确保在合适的位置上输出地图符号,需要考虑:首先能够准确描述空间实体位置和形状的几何信息,详细精确描述符号相关的颜色、大小、形状等自身的特征信息及图元之间的相互关系;然后确定相关的配置描述信息,即确定合适的描述位置以及大小、方向、形状和颜色等能正确描述在合适位置上的符号图形。如图 9-4 所示,符号库设计时,任何符号都应有一个符号代码,它是符号的唯一标识码。

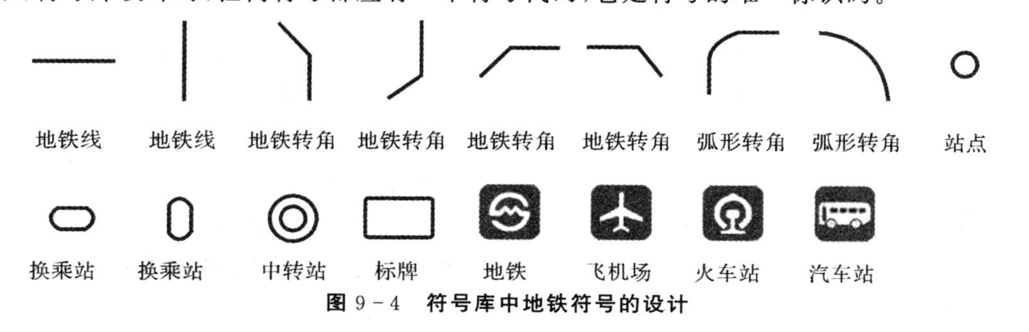

图 9-4　符号库中地铁符号的设计

9.3.2　地图色彩

1. 色彩三要素

色彩是地图语言表达的重要内容。地图可视化过程中，主要运用色彩对地图割地理要素之间的分类、分级及质量与数量的特征进行区分强调，也可以运用色彩增强地图的感受力和科学性的可视化和表现力。

色彩三要素为色相、亮度、纯度(饱和度)。其中，色相的变化多用于表现质的区别。例如，蓝色表示水系、绿色表示植物、棕色表示地貌。亮度的变化多用于表现数量差异。例如，蓝色的深浅表示海水的深度变化。纯度越大，色彩越鲜艳。一般小面积、少量分布的地理对象要素多使用纯度较高的色彩，以达到明显突出的视觉效果；而对于大面积范围的色彩设计时，通常建议使用纯度相对偏弱的色彩，以避免过分显眼或者明显。

2. 色彩的设计

地图色彩的设计首先需要考虑与地图的应用范围保持一致，与地图的种类及要表达的内容相适应，并能充分利用色彩的感觉、象征及协调对比，形成有特色的地图色彩系统。

9.3.3　地图注记

地图注记是指地图上说明地理事物的名称、质量特征、数量特征的标注和各种文字说明和数字，它是地图的基本内容之一，也是一种地图符号，有形状、尺寸和颜色的区别。

地图注记的类型包括：①专有名称注记，以说明事物的名称，包括地名、河名、山名等，其中以地名为主；②说明注记，常用来补充说明地物性质、专有名称、主要街道、特殊地图名称，如树种、井泉性质以及图例说明、图名、比例尺等；③数字注记，标明地物的数量特征，如高程、等值线数值、道路长度和航海线里程等。

地图注记由字体、字大或字级、字色、字隔及排列方向、位置 5 个因素构成。用不同字体和颜色区分不同事物；用注记的大小等级反映事物分级以及在图上的重要程度；用注记位置以及不同字隔和排列方向表现事物的位置、伸展方向和分布范围。地图注记主要由照相排字或激光排字而得。注记设计和剪贴，要求字形工整、美观、主次分明、易于区分、位置正确。

9.4　普通地图可视化

普通地图是综合、全面地反映一定制图区域内的自然要素和社会经济现象一般特征的地图，地图内包含有地形、水系、土壤、植被、居民点、交通网、境界线、土质植被及其他人文标志等内容，广泛用于经济、国防和科学文化教育等方面，并可作为编制各种专题地图的基础。

普通地图上所表示的内容可分为三个部分：数学要素、地理要素、辅助要素。数学要素是保证地图数学精确性的基础，包括地图投影、坐标网、比例尺、控制点等；地理要素是地图最主要的内容，包括水系、地貌、土质植被、居民地、交通线、境界线等自然和社会经济内容；图边要素即辅助要素，包括图名、图号、图例、分度带、比例尺、附图、坡度尺、成图时间及单位、有关资料说明等。

普通地图内容的表示强调两个方面的内容：一是地理要素自身的表达；二是要素之间的关系处理。普通地图包括静态显示和动态显示的普通地图和晕渲地图，可提供布局合理、比例适当、负载平衡、符号化明确、图例正确、易于出版印刷的地图产品。

9.5 专题地图可视化

专题地图是指突出而尽可能完善、详尽地表示制图区内的一种或几种自然或社会经济（人文）要素的地图。专题地图的制图领域宽广，凡具有空间属性的信息数据都可用其来表示。其内容、形式多种多样，能够广泛应用于国民经济建设、教学和科学研究、国防建设等行业部门。专题地图和普通地图相比，具有独有的特征。

专题地图中的地图要素可以分为地理基础要素（地理底图）和专题要素。

地理基础要素用以显示制图要素的空间位置和区域地理背景的地理要素，如境界、水系、地貌、交通、植被、居民地等，它们的表示主要受专题地图的类型、制图区域特征和地图比例尺的影响，是建立专题地图的“骨架”，有助于更深入地提取专题地图的信息；专题地图上突出表示的主题内容，如人口分布、粮食产量、工农业产值等，其表示与制图主题、地图用途、用户的需求有着密切的关系。

专题要素具有空间分布、时间和其他可被表示的特征，空间分布主要呈现点状、线状和面状分布特征，时间上主要呈现的是某一时刻、某一时间、某些周期性现象的变化，此外，专题要素还具有数量特征、质量特征、内部组成、动态变化、发展趋势的可被表示的特征。专题地图要素表示方法按照空间分布特征可归纳为点状分布、线状分布和面状分布，见表 9－1。

表 9－1　专题要素的表示方法

空间分布	分布特征	表示方法
点状分布	精确定位点状分布	定点符号法
线状分布	确定的线状分布	线状符号法
	模糊的路径分布	运动线法
面状分布	连续布满	质底法、等值线法、定位图表法
	间断成片	范围法
	离散分布	点值法、分区图表法、分级比值法

9.5.1　点状分布要素的表示方法

点状分布可精确定位点，表示的方法是定点符号法。定点符号法是以点定位的点状符号来表示呈点状分布的专题要素不同特征的表示方法。常用的定点符号按照形状可以分为几何符号、文字符号和象形符号，如图 9－5 所示。

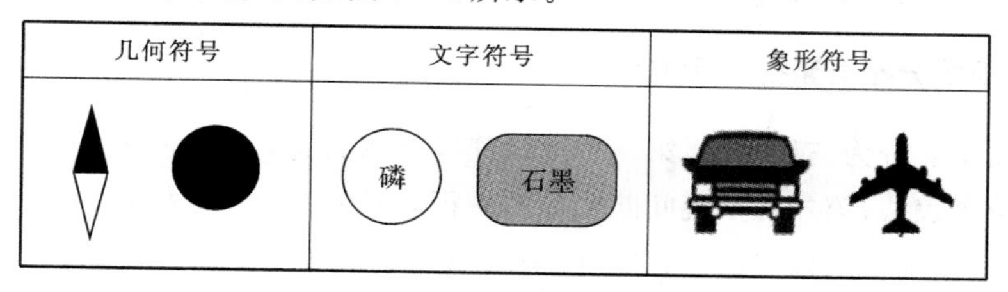

图 9－5 定点符号法表示点状要素

定点符号法的表示，主要是通过对点状符号进行设计实现的。在设计的过程中，通常通过符号的形状、色彩进行质量及性质等特征的区分，通过不同符号的大小或者图案的亮度变化来区分点状符号的等级和数量特征。在主题要素的表达过程中，采用定点符号法，首先需要正确表示重要的底图要素，准确运用几何符号进行专题要素定位，对于不同的现象定位于同一点时，可以通过各个符号组织成的组合结构符号进行表示，若不能组合时，可以将各个符号置于相应的定位点的周围。定点符号法能简明准确地表达各要素的地理分布和变化状态，用途较为广泛，如学校、气象站、矿产资源等的表示。

9.5.2 线状分布要素的表示方法

相比点状分布要素的表示方法，线状分布要素的表示方法比较多。线状分布呈现确定的线状分布特征，表示的方法为线状符号法，另外还有模糊的路径分布，表示的方法主要是动线法。

1. 线状符号法

对于呈线状或者带状延伸的专题要素，主要采用线状符号法，表示要素有以下几种形式：

(1)基础线状要素：用线状要素表示的水系、道路、境界线等。

(2)几何概念线划：表示几何概念的线划，如高压线、干出线、沟渠等。

(3)轨迹线、位置线：用线划描述运动物体的轨迹位置线，如航空线。

(4)目标之间的联系：能显示目标之间的联系及物体或者现象之间的相互作用，如两点间航路、空域边界等。

线状符号法通过不同的色彩及形状表示专题要素的质量特征，也可以反映不同时间的变化特征，通过设计不同线划的粗细区分要素的等级或者顺序，而线状符号常具有一定的宽度，描述物体的某边线或中心线，形成一定宽度的颜色带或者晕线带。

2. 动线法

动线法的实质是用箭头符号的不同宽度来表示地图要素的移动方向、路线及数量和质量特征，如行军的路线、人口的迁移及洋流的方向等。在设计的过程中，主要是通过改变箭头的色彩、宽度、长度、形状等特征表示不同现象的各个特征，通常箭头的指向表示运动方向，箭头的形状、色相表示类别或者性质，箭头的宽度尺寸、色彩亮度表示等级数量，长度尺寸表示稳定程度，整个运动线符号的位置可以表示运动的轨迹。

9.5.3 面状分布要素的表示方法

面状分布主要分为三种类型：第一种呈现连续布满特征，表示的方法主要有质底法、等值线法和定位图表法；第二种呈现间断成片的特征，主要以范围法表示为主；第三种是离散分布的特征，表示的方法以点值法、分区图表法和分级比值法为主。

1. 质底法

将全图区域按照专题现象的指标进行区域划分，在分布范围内通过填充颜色或者晕线、花纹以体现现象质的区别。这种方法一般不直接表示数量特征，着重表示现象质的区别，常用于地质图、经济区划图、土壤图等。在采用质底法时，首先需要按照专题内容性质决定要素的分类和分区，勾绘分界线并根据拟定的图例，用特定的颜色、晕线、字母等表示类型分布、类型或者区域的区划，根据某一特性或者组合指标，分类处理。

质底法主要用于显示不同现象之间质的差异，具有鲜明、美观、清晰等优点，但是对不同对象之间的渐进性和渗透性表现较为困难，其分类的指标和类型等级具有完整性。

2. 等值线法

等值线是由表示某现象的数值相等的各个不同的点连接而成的一条平滑的曲线，如等温线、等高线等，通常利用一组等值线表示空间制图对象分布特征的方法。等值线法通常适用于表示连续分布而又逐渐变化的现象。

3. 定位图表法

定位图表法主要是指利用定位于现象分布范围内的某些地点或者均匀配置于区域内的一些通类型的统计图表，主要表达周期性变化的现象，如风向频率图、温度和降水的年变化图表等，其中定位图表法有方向概念的区别，无方向多用于气温、降水及流量等的表示，而风频、风速等多用有方向来表示。定位图表法表示一定空间范围内的自然现象，而定位的点主要是周围一定区域范围内某现象的代表性的反映。

4. 范围法

范围法主要是用面状符号在地图上表示某专题要素间断成片的分布范围和状况，如农作物的分布范围、矿产资源的分布范围等。范围法表示专题要素实质上是进行面状符号的设计，通常应用轮廓线及面的色彩、图案等表示现象的质量特征，其中，范围一般是根据实际分布范围而确定的。

5. 点值法

点值法主要是利用一定数值大小、形状相同的点来反映要素的分布范围、数量特征和密度变化等特性，主要应用于呈分散、复杂分布的现象并无法勾绘其范围边界的要素，如宗教人口分布范围等。在应用点值法进行专题要素表示时，需要考虑点的大小，而且其所代表的数值应当是固定的，点的多少一般反映的是数量的规模，点的配置可以反映现象的集中或者分散特征，可以通过不同的颜色来表示不同的类别，如人口分布、农作物播种面积等。

6. 分区图表法

分区图表法是以一定的区域划分为单位，利用统计图表来表示不同区域的专题要素的数量及结构特征，其表达的是专题要素现象的绝对数量指标，无法反映地理分布特征，是一种非精确的制图表示方法。

7. 分级比值法

分级比值法主要是在专题要素表示设计的过程中，通过将整个制图区域按照行政区划为多个统计区，按照各统计区域专题要素的集中程度进行等级的划分，并通过颜色的深浅或者粗细、疏密等晕线进行填充，以表示专题要素的数量差别。利用分级比值法重点在于确定分级数，其影响因素包括地图用途、比例尺、数据分布特征等。

思考题

1. 什么是可视化？
2. 何谓虚拟现实？虚拟现实在可视化中的意义和作用是什么？
3. 简述地图符号的分类及特征。
4. 简述地图符号在 GIS 可视化中的作用与意义。
5. 专题地图可视化常用的方法有哪些？

参考文献

[1] 汤国安. 地理信息系统教程[M]. 2 版. 北京:高等教育出版社,2019.
[2] 邬伦,刘瑜,张晶,等. 地理信息系统:原理、方法和应用[M]. 北京:科学出版社,2001.
[3] 胡鹏,黄杏元,华一新. 地理信息系统教程[M]. 武汉:武汉大学出版社,2002.
[4] 黄杏元,马劲松,汤勤. 地理信息系统概论[M]. 修订版. 北京:高等教育出版社,2001.
[5] 李建松. 地理信息系统原理[M]. 武汉:武汉大学出版社,2006.
[6] 刘南,刘仁义. 地理信息系统[M]. 北京:高等教育出版社,2002.
[7] 毕思文,耿杰哲. 地球系统科学[M]. 武汉:中国地质大学出版社,2009.
[8] 倪明田,吴良芝. 计算机图形学[M]. 北京:北京大学出版社,1999.
[9] 李建辉. 地理信息系统技术应用[M]. 2 版. 武汉:武汉大学出版社,2020.
[10] 贺金鑫. 地理信息系统基础与地质应用[M]. 武汉:武汉大学出版社,2015.
[11] 盛业华,张卡,杨林,等. 空间数据采集与管理[M]. 北京:科学出版社,2018.
[12] 崔铁军,等. 地理空间数据库原理[M]. 2 版. 北京:科学出版社,2016.
[13] 吴信才. 空间数据库[M]. 北京:科学出版社,2009.
[14] 秦昆. GIS 空间分析理论与方法[M]. 2 版. 武汉:武汉大学出版社,2010.
[15] 崔铁军. 地理空间数据获取与处理[M]. 北京:科学出版社,2015.
[16] 张军海,李仁杰,傅学庆,等. 地理信息系统原理与实践[M]. 2 版. 北京:科学出版社,2015.
[17] 郑春燕,邱国锋,张正栋,等. 地理信息系统原理、应用与工程[M]. 2 版. 武汉:武汉大学出版社,2011.
[18] 田永中,吴文戬,盛耀彬,等. GIS 空间分析基础教程[M]. 北京:科学出版社,2018.
[19] 王庆光. 地理信息系统应用[M]. 北京:中国水利水电出版社,2017.
[20] 余明,艾廷华. 地理信息系统导论[M]. 3 版. 北京:清华大学出版社,2021.
[21] 徐敬海,张云鹏,董有福. 地理信息系统原理[M]. 北京:科学出版社,2016.
[22] 刘湘南,黄方,王平. GIS 空间分析原理与方法[M]. 北京:科学出版社,2008.
[23] 贺晓晖,陈楠. 从规则格网 DEM 中提取沟谷网络的方法研究[J]. 遥感信息,2015,30(1):134-138.
[24] 田永中,张佳会,佘晓君,等. 地理信息系统实验教程[M]. 北京:科学出版社, 2018.
[25] 周启鸣,刘学军. 数字地形分析[M]. 北京:科学出版社,2006.

[26] 汤国安，李发源，刘学军. 数字高程模型教程[M]. 3版. 北京：科学出版社，2016.
[27] 李志林，朱庆，谢潇. 数字高程模型[M]. 3版. 北京：科学出版社，2017.
[28] 吴险峰，刘昌明，王中根. 栅格DEM的水平分辨率对流域特征的影响分析[J]. 自然资源学报，2003(2)：148-154.
[29] 黄仁涛，庞小平，马晨燕. 专题地图编制[M]. 武汉：武汉大学出版社，2003.
[30] 汤青慧. 数字测图与制图基础教程[M]. 北京：清华大学出版社，2013.
[31] 贾艳红，赵传燕，牛博颖. RS与GIS技术在地下水研究中的应用[J]. 地下水，2011，33(1)：1-3.
[32] 党晓斌. 三维激光扫描技术在建筑物形变监测中的应用研究[D]. 西安：长安大学，2011.
[33] 马洪超，姚春静，张生德. 机载激光雷达在汶川地震应急响应中的若干关键问题探讨[J]. 遥感学报，2008(6)：925-932.
[34] 毛赞猷，朱良，周占鳌，等. 新编地图学教程[M]. 3版. 北京：高等教育出版社，2017.
[35] 祝国瑞. 地图学[M]. 武汉：武汉大学出版社，2004.
[36] 祝国瑞，郭礼珍，尹贡白，等. 地图设计与编绘[M]. 武汉：武汉大学出版社，2010.
[37] 蔡孟裔，毛赞猷，田德森，等. 新编地图学实习教程[M]. 北京：高等教育出版社，2000.